# 通辽地区优势特色作物绿色增产增效栽培技术

◎ 李金琴　王宇飞　叶建全　编著

中国农业科学技术出版社

图书在版编目（CIP）数据

通辽地区优势特色作物绿色增产增效栽培技术 / 李金琴，王宇飞，叶建全编著 . —北京：中国农业科学技术出版社，2019.9
ISBN 978-7-5116-4375-9

Ⅰ. ①通… Ⅱ. ①李… ②王… ③叶… Ⅲ. ①作物—栽培技术—通辽 Ⅳ. ① S31

中国版本图书馆 CIP 数据核字（2019）第 194176 号

责任编辑　徐定娜
责任校对　贾海霞

出 版 者　中国农业科学技术出版社
　　　　　北京市中关村南大街 12 号　邮编：100081
电　　话　（010）82105169（编辑室）（010）82109702（发行部）
　　　　　（010）82109709（读者服务部）
传　　真　（010）82109707
网　　址　http://www.castp.cn
发　　行　各地新华书店
印 刷 者　北京科信印刷有限公司
开　　本　710 mm × 1 000 mm　1 /16
印　　张　6.75
字　　数　117 千字
版　　次　2019 年 9 月第 1 版　2019 年 9 月第 1 次印刷
定　　价　68.00 元

# 《通辽地区优势特色作物绿色增产增效栽培技术》

# 编著人员


**主 编 著：** 李金琴　王宇飞　叶建全

**副主编著：** 张福胜　薛永杰　姚　影

**参加编著人员：**（按姓氏笔画排序）

王占东　王景峰　左明湖　包额尔敦嘎
吕　岩　吕　鹏　刘伟春　刘春艳
刘晓双　孙　丽　芦　雪　李晓娜
李雪峰　李敬伟　杨荣华　杨柳青
何智彪　辛　欣　汪　伟　张春华
张　洁　赵开花　郝　宏　姜海超
矫丽娜　贾娟霞　殷凤珍　梅园雪
梁万琪　薛　鹏

**总 策 划：** 姜晓东

**策　　划：** 殷凤珍　卢景会

**内部编辑：** 李金琴　王宇飞

**核　　校：** 姚　影　芦　雪

# 前　言

农业科技是农业发展的驱动力，加快通辽市优势特色作物绿色增产增效核心技术在全市推广，发挥世界黄金玉米带优势，促进通辽市玉米全株产业链发展，进一步优化玉米产业内部结构，引导优质子粒玉米、青贮玉米、粮饲通用玉米、鲜食玉米等多品种种植是通辽市农业发展的主要内容。为此，要在保障粮食安全的前提下，调优种植业结构，推进粮改饲、粮改经，合理发展开鲁红干椒、花生等特色经济作物种植。打好绿色牌，发挥生态农牧业资源优势，做优做精科左后旗水稻、库伦旗荞麦、“山沙两区”杂粮杂豆等一批绿色优质农产品，提升品牌影响力。开展特色农产品标准化生产示范，提升农产品供给质量，加快建成绿色农产品生产加工输出基地。

为实现粮食的稳产增产，优化农业种植结构，通辽市农业技术推广站组织全市农技推广人员及相关专家编著了《通辽地区优势特色作物绿色增产增效栽培技术》一书。本书撰写力求体现以下特点。

一是突出品牌优势。针对通辽黄玉米、开鲁县红干椒、科左后旗水稻、库伦旗荞麦、扎鲁特旗杂粮杂豆等一批绿色优质农产品，研究、梳理、集成一批绿色增产增效栽培技术，助力乡村振兴。通辽市农业技术推广站组织全市实践经验丰富的农技推广人员、技术骨干和有关专家，在认真总结近年来各旗县区主推技术和新型轻简化技术的实践经验，针对通辽不同生态区域生产实际需求基础上编写而成的。

二是突出绿色优质。围绕通辽市农业供给侧高质量发展核心目标，在关键技术集成过程中，重点抓好关键技术绿色化，如秸秆还田提升地力、深翻深松改良土壤结构、无膜浅埋滴灌技术、水肥一体化技术、白僵菌封垛和释放赤眼蜂球（卡）防控玉米螟及更换高效扇形喷头提高药效减少用药量等生物技术、物理技术。

三是突出轻简高效。本书内容主要以生产主推和新型技术为抓手，突出农机农艺高度融合，节本增效、轻简高效的特点，促进通辽优势特色作物规模化种植、标准化生产、产业化发展。

四是突出生态文明。重点围绕农业生态环保、资源循环高效利用的主攻目标，将多年研究、示范的一批节水、节肥、减药、省膜，提质、增效、提高机械化水平等环保型技术模式集成并展示，将取得较好社会效益与生态效益的技术进行推广。

五是突出简明实用。本书力求通俗易懂，图文并茂，简明实用，可操作性强。希望本书能成为通辽市乃至全区农业科技人员、企业、合作社技术员、科技示范户和农民便利实用、触类旁通的指导工具，并在农牧民增收致富中发挥作用。

这些在实践中不断创新、在试验示范中不断集成，又在生产中不断完善，稳扎稳打的实用技术，集聚广大农业技术推广战线技术人员、科研院所科研工作者的集体智慧而成此书。编著过程中还广泛征求了农业管理部门、行业专家、技术人员和科技示范户的意见。由于编著水平有限，书中若有不足之处，恳请读者批评指正。

编著者

2019 年 7 月

# 目录

# 玉米大小垄全程机械化技术

## 一、春整地

### 1. 选　地

在灌溉区选择地势平坦、土层深厚、土壤肥力中等以上、井电配套的地块。

### 2. 整地要求

（1）清理残膜

如果上一年是覆膜种植的地块，秋收结束后清除残膜；如果是沙土地，结合春播整地清除残膜。采用地膜回收起茬机，与带有液压悬挂装置的 15 马力以上四轮拖拉机配套使用。也可以自制钉子耙，与四轮拖拉机配套使用。残膜统一回收，统一处理，以免造成白色污染。

（2）施基肥

每亩（1 亩 ≈ 666.67 平方米，1 公顷 =15 亩，全书同）施入农家肥 2 ～ 3 吨或磷酸二铵 15 千克、硫酸钾 5 千克，缺锌地块施硫酸锌 1 千克，或有效成分总量与上述肥料相当的专用复合肥。

（3）整　地

深松机具要求配套动力 130 马力以上，一般深松 30 厘米以上。根据土壤条件和作业要求因地制宜选择整地机械，采用配套动力 120 马力以上的机械及配套的翻耕机、旋耕机、圆盘耙、镇压器等农机具，一次完成旋耕、灭茬、筑埂等作业，一般旋耕 15 厘米左右，达到上虚下实、土碎无坷垃、无根茬的待播状态。一般畦田宽度为 3.6 米以便于宽窄行模式播种。

## 二、品种选择

选择通过国家或内蒙古自治区（以下简称内蒙古，全书同）审定或引种备案的，适宜通辽地区种植的高产、优质、多抗、耐密、适于机械化种植的品种。种子纯度达到96%以上、净度达到98%以上、发芽率达到93%以上。购买经过精选、分级和包衣的种子，如购买了未经包衣处理的种子，应进行选种、晒种和包衣等种子处理。

## 三、播　种

### 1. 播　期

一般在4月下旬—5月上旬，当5～10厘米耕层土壤温度稳定在8～10℃时，即可播种。可先浇后播或雨后抢墒播种。

### 2. 种植模式

宽窄行（大小垄）种植模式，宽行（大垄）80厘米，窄行（小垄）40厘米，株距根据所需种植密度确定。

### 3. 播种机选择

选用适宜大小垄种植模式的种肥分层播种机实施机械化精量播种，一次性完成开沟、施肥、播种、覆土、镇压等作业。

### 4. 种植密度

原则上根据品种特性、土壤肥力状况和积温条件确定种植密度。一般中上等肥力地块播种密度5 000～5 500株/亩；中低产田播种密度4 500～5 000株/亩。

### 5. 播种深度

播种深度应根据品种特性和土壤类型确定，要求深浅一致，覆土均匀，镇压后播深3～4厘米。

### 6. 种　肥

每亩施入种肥磷酸二铵15千克、硫酸钾6千克、硫酸锌1千克、尿素3千克，或有效成分总量与上述肥料相当的专用复合肥，利用播种机深施于种子侧下方5～6厘米处。

## 四、田间管理

### 1. 追　肥

根据通辽地区土壤条件，一般按照1 000千克/亩的产量目标，整个生育期每亩需投入纯氮19千克、纯磷7千克、纯钾3千克。根据测定土壤肥力状况，按照产量目标确定肥料配比方案与投肥数量，氮肥遵循前控、中促、后补的原则，磷钾肥作为种肥使用。一般在拔节期结合中耕每亩追施尿素总量 30 ～ 33 千克或等养分含量的缓控肥，深施 10 ～ 15 厘米。

### 2. 灌　溉

根据当地降雨情况确定灌水量和灌水次数，一般灌水 4 ～ 7 次，每次 50 ～ 60 立方米 / 亩。秋整地后可进行冬灌，或在播种前 15 ～ 20 天浇足底墒水。苗期可不浇水适当蹲苗，拔节期若遇干旱，结合蹚地追肥进行灌溉。

### 3. 苗期管理

大致在 5 月 15—20 日到 6 月 15—20 日，这一时期田间管理重点是“促下控上育壮苗”，达到苗全、苗匀、苗壮。出苗后及时查田补苗，缺苗断垄轻微时，采取邻近留双株方法加以弥补，严重时催芽补种。

如果是半株距或双粒播种的地块，4 ～ 5 片可见叶时定苗，地下害虫严重的地块可适当晚间苗，但一般不超过 6 片可见叶。间掉小苗、弱苗、病苗、杂苗，留壮苗，做到一次等距定苗。

中耕 3 次，可根据行距改装配套中耕机具，实现宽行中耕。第一次在 3 叶期，用小铧浅蹚，以达到增温通透、松土灭草的效果；第二次在 4 ～ 5 叶期，深度 10 厘米左右；第三次在 8 ～ 12 叶大口期进行，主要为施肥培土，深度 15 ～ 20 厘米，避免伤根。苗后化学除草应在玉米 3 ～ 5 叶期，杂草 2 ～ 4 叶期进行。

### 4. 穗期管理

玉米从拔节到抽雄为穗期，大致时间是 6 月 20 日—7 月 25 日。这是玉米生长最旺盛、丰产栽培最关键的时期。本阶段管理的重心是“促叶壮秆增穗”。抽雄期出现干旱及时浇水，出现脱肥现象适时补追尿素。

病虫害防治遵循预防为主、综合防控的方针，其中主要防治玉米螟，并坚持统防统治的原则。春季用白僵菌封垛，玉米螟成虫产卵初期释放赤眼蜂，大喇叭口期用自走式高架喷雾器或无人机喷施高效低毒药剂防治玉米螟。

### 5. 花粒期管理

玉米从抽雄到完熟为花粒期，是玉米开花散粉和子粒形成的阶段。时间从 7 月下旬—9 月下旬。本阶段管理主要是防止叶片早衰，以增加粒数和粒重。

8 月下旬，当二代玉米螟或三代黏虫发生危害时，用自走式高架喷雾机械或无人机喷洒高效低毒低残留的农药防治，严重时也可采取航化作业控制灾情。如发现有黑穗病，将病株拔除，于田外深埋或烧毁，防止下年传染。

## 五、收　获

当田间90%以上玉米果穗苞叶枯白松散，子粒变硬，基部有黑色层，用指甲掐之无凹痕，表面有光泽，即可收获。根据气象条件，一般在9月末—10月初玉米完熟后一周及时收获。

当玉米子粒含水量在25%以下时，可采用机械直接收粒并粉碎秸秆；玉米子粒含水量在30%左右时，采用玉米联合收割机收穗，作业包括摘穗、剥皮、集箱以及茎秆粉碎。

## 六、秋整地

收获后进行秸秆深翻还田，要求茎秆粉碎长度小于5厘米且抛洒均匀，如果秸秆过长，还田前需要进行二次粉碎。每亩喷撒2.5千克秸秆腐熟剂加5千克尿素在作物秸秆上，深翻25厘米以上，将粉碎的秸秆全部翻入土壤下层。秋整地后进行冬灌。

## 玉米大小垄全程机械化技术图集

深松整地

旋耕筑梗

精量播种

中耕追肥

田间照片

机械收获

秸秆二次粉碎

秸秆深翻还田

# 玉米浅埋滴灌水肥一体化技术

## 一、滴灌管网工程建设

根据地下水水质分析报告、出水流量测试报告等进行设计。滴灌系统主要配置设备有机电井、首部、管路及其他附件。

首部系统组成包括水泵、压力罐等或其他动力源、离心网式过滤器或碟片过滤器、控制阀与测量仪表、施肥罐。管路包括主管、支管、毛管、调节设备如压力表、闸阀、流量调节器等。首部枢纽应将加压、过滤、施肥、安全保护和计量测控设备等集中安装，化肥和农药注入口应安装在过滤器进水管上。枢纽房屋应满足机电设备、过滤器、施肥装置等安装和操作要求。

## 二、春整地

### 1.选　地

选择土层深厚、土壤肥力中等以上、井电配套的地块。

### 2.整　地

每亩施入腐熟农家肥 2 ～ 3 吨，深松 30 厘米，旋耕 15 厘米，达到上虚下实、土碎无坷垃、无根茬的待播状态。整地质量的好坏将直接影响播种质量，因此务必精细整地。用浅埋滴灌则无须筑埂，可节约土地 8%。

## 三、品种选择

选择通过国家或内蒙古自治区审定或引种备案的，适宜通辽地区种植的高产、优质、多抗、耐密、适于机械化种植的品种。种子纯度达到 96% 以上，净度达到 98% 以上，发芽率达到 93% 以上。购买经过精选、分级和包衣的种子，如购买了未经包衣处理的种子，应进行选种、晒种和包衣等种子处理。

## 四、播　种

### 1. 播　期

通辽地区一般在 4 月下旬—5 月上旬，当 5 ～ 10 厘米耕层土壤温度稳定在 8 ～ 10℃时，即可播种。

### 2. 种植模式

宽窄行（大小垄）种植模式，宽行（大垄）80 厘米，窄行（小垄）40 厘米，株距根据所需种植密度确定。

### 3. 播种机选择

选择专用的无膜浅埋滴灌精量播种铺带一体机，也可利用大小垄播种机或膜下滴灌播种机进行改装，即在播种机横梁上焊接滴灌带支架，两个播种盘中间横梁处焊接滴灌带开沟器及滴灌带引导轮。

### 4. 播种方法

播种的同时将滴灌带埋入窄行中间 2 ～ 4 厘米沟内，同时完成施种肥、播种、覆土、镇压等作业。质地黏重的土壤播深 3 ～ 4 厘米，沙质土 5 ～ 6 厘米。要求深浅一致，覆土均匀。

### 5. 种植密度

原则上根据品种特性、土壤肥力状况和积温条件确定种植密度。一般中上等肥力地块播种密度 5 000 ～ 5 500 株 / 亩，在管理水平较高且应用耐密抗倒品种的前提下，可将密度提高至 5 800 ～ 6 300 株 / 亩；中低产田播种密度 4 500 ～ 5 000 株/亩。

### 6. 种　肥

每亩施入种肥磷酸二铵 15 千克、硫酸钾 6 千克、硫酸锌 1 千克、尿素 3 千克，或有效成分总量与上述肥料相当的专用复合肥，深施于种子侧下方 5 ～ 6 厘米处。

## 五、管带铺设

田间管带铺设应预先科学设计管网系统，形成田间布局图纸，为以后铺设管网、管理、灌溉施肥提供指导。

滴灌带铺设与播种同步进行，播种结束后及时铺设地上给水主管、支管，在主管道上连接支管，支管垂直于垄向铺设，每间隔 100 ～ 120 米铺设一道支管，滴灌带与支管连接。

主管道上每根支管道交接处设置控制阀，以便划分灌溉单元。根据首部控制面积及地块实际情况科学设置单次滴灌面积，一般以 15 ～ 20 亩为一个灌溉单元，灌溉单元面积过大则滴灌压力不足，影响出水；面积过小则造成资源浪费。

## 六、田间管理

### 1. 化学除草

如播种时土壤较干，会影响除草剂效果，建议在第一次灌水后喷施芽前除草剂。苗后除草应在玉米 3 ～ 5 叶期，杂草 2 ～ 4 叶期进行。

### 2. 灌　水

一般整个生育期滴灌 5 ～ 7 次，每次滴灌 20 ～ 30 立方米 / 亩。播种结束后及时滴出苗水，保证种子发芽出苗。灌水时间视降雨量情况而定，一般 6 月中旬滴拔节水，以后田间持水量低于 70% 时及时灌水，9 月中旬停水。滴灌启动 30 分钟内及时检查滴灌系统，一切正常后继续滴灌，当滴灌带两侧 30 厘米土壤润湿即可停止滴灌。

在第一次灌水快结束时滴入适量毒死蜱、辛硫磷等杀虫剂，以防止地下害虫和鼠类破坏滴灌带。

### 3. 追　肥

追肥以氮肥为主，配施微肥。氮肥遵循前控、中促、后补的原则，每亩施入纯氮 15 ～ 18 千克，一般可分 3 ～ 5 次追肥。3 次追肥可在拔节期、大喇叭口期、吐丝期按 3∶6∶1 比例施用，或拔节期、抽雄期、灌浆期按照 6∶2∶2 的比例追施；4 次追肥可在拔节期、大喇叭口期、抽雄期、灌浆期按照 2∶5∶2∶1 的比例追施；5 次追肥可在拔节期、大喇叭口期、抽雄期、吐丝期、灌浆期按照 2∶5∶1∶1∶1 的比例追施。

追肥结合滴水进行，施肥前先滴清水 30 分钟左右，待滴灌带得到充分清洗，检查田间给水一切正常后开始施肥。施肥结束后，再继续滴灌 30 分钟左右，将管道中残留的肥液冲净，防止化肥残留结晶阻塞滴灌带毛孔。

### 4. 中　耕

苗期第一次中耕，深度 10 厘米左右；拔节期第二次中耕，深度 15 ～ 20 厘米。跨越田间支管时，要提前抬起中耕机械，避免损坏管带。

### 5. 病虫害综合防治

选择适宜的种衣剂对种子进行包衣处理，防治地下害虫及丝黑穗病、瘤黑粉、茎基腐等土传和种传病害。生育期内注意玉米螟、黏虫、草地螟、大小斑病的防治。遵循预防为主综合防控的方针，坚持统防统治的原则。

## 七、收　获

### 1. 管带回收

主管、支管及连接部件可重复利用多年，应及时回收。主管支管回收后应盘起存放，避免折断。滴灌带回收可选择专用管带回收机械，或利用小四轮拖拉、缠绕等方式回收，集中送到回收网点以旧换新或卖钱。

### 2. 玉米生理成熟指标

当田间 90% 以上玉米果穗苞叶枯白而松散，乳线消失，子粒变硬、基部出现黑色层，用指甲掐之无凹痕，表面有光泽，即可收获。

### 3. 收获时间

一般在 9 月末—10 月初玉米完熟后一周及时收获。当玉米子粒含水量在 25% 以下时，可采用机械粒收；子粒含水量在 30% 左右时，采用机械穗收。机械收获同时将秸秆粉碎。

## 八、秋整地

收获后进行秸秆深翻还田，要求茎秆粉碎长度小于 5 厘米且抛撒均匀，如果秸秆过长，还田前需要进行二次粉碎。每亩喷撒 2.5 千克秸秆腐熟剂加 5 千克尿素在秸秆上，深翻 25 厘米以上，将粉碎的秸秆全部翻入土壤下层。秋整地后进行冬灌。沙土地、犯风地等不宜秋翻，可将玉米秸秆覆盖还田。

# 玉米无膜浅埋滴灌水肥一体化技术图集

深松

旋耕

精量播种

管带连接

滴出苗水

田间照片 1

宽行中耕 1

宽行中耕 2

田间照片 2

田间照片 3

管带回收

机械收获

秸秆粉碎

秸秆深翻还田

# 玉米旱作区全膜覆盖双垄沟播技术

## 一、播前准备

### 1. 选　地

在旱作区选择地势平坦、地力均匀、土壤理化性状良好、保水保肥能力较好的沼坨地、旱坡地。

### 2. 清理残膜

春整地前清除残膜。采用地膜回收起茬机，与带有液压悬挂装置的 15 马力以上四轮拖拉机配套使用。也可以自制钉子爬，与四轮拖拉机配套使用。残膜统一回收，统一处理，以免造成白色污染。

### 3. 整　地

清完残膜后，旋耕灭茬、施入基肥，旋耕镇压保墒连续作业。每亩施入优质农家肥 1 ～ 2 吨，结合旋耕均匀施入耕层土壤。做到上虚下实无根茬，地面平整无坷垃，保证覆膜、播种作业要求。

### 4. 地膜选择

选用厚度≥ 0.01 毫米，幅宽 130 ～ 140 厘米地膜。

### 5. 品种选择

选择通过国家或内蒙古自治区审定或引种备案的，适宜通辽地区种植的高产、优质、多抗、耐密、适于机械化种植的品种。种子纯度达到 96% 以上、净度达到 98% 以上、发芽率达到 93% 以上。购买经过精选、分级和包衣的种子，如购买了未经包衣处理的种子，应进行选种、晒种和包衣等种子处理。

## 二、播　种

### 1. 播　期

播期一般可比当地常规露地种植提前 7 ～ 10 天，正常年份在 4 月中旬即可覆膜播种。

### 2. 播种方式

选用适宜当地土壤类型的双垄全覆膜播种机，一次性完成喷除草剂、开沟、施肥、覆膜、打孔、播种、镇压等作业。采用宽窄行种植模式，宽行 80 厘米，窄行 40 厘米，株距根据密度确定。

### 3. 种植密度

根据品种特性和土壤肥力状况确定种植密度。紧凑型耐密品种播种密度 5 000 ～ 5 500 株 / 亩；半紧凑型大穗品种种植密度 4 500 ～ 5 000 株 / 亩。

### 4. 种　肥

每亩肥料参考投入总量为：纯氮 16 ～ 19 千克，纯磷 5 ～ 7 千克，纯钾 2 ～ 3 千克，播种时推荐使用缓释肥或配方肥 + 缓控释尿素。种肥深施种子侧下方 5 ～ 10 厘米处，与种子分层隔开。

### 5. 播种深度

播种深度应根据品种特性和土壤类型确定，要求深浅一致，覆土均匀，镇压后白浆土、盐碱土播深 3 ～ 4 厘米，风沙土 5 ～ 6 厘米。

### 6. 覆土压膜

膜边覆土厚度 3 ～ 5 厘米。及时压土带，每隔 5 米压一条土带，以防大风揭膜。作业过程中，机手和辅助人员随时检查作业质量，发现问题及时处理。

## 三、田间管理

### 1. 苗期管理

正常年份覆膜玉米苗期大致在 5 月 1 日—6 月 10 日，管理重点是“促下控上育壮苗”，达到苗早、苗全、苗匀、苗壮。

（1）引　苗

出苗后要及时检查，如出现地膜压苗现象，要及时引苗，如播种后遇雨，造成膜孔土壤板结，及时破碎，并用土封严放苗孔，将苗扶正。选择晴天下午或阴天放苗，防止苗大顶膜、烤苗。

（2）补　苗

及时查田补苗。如少量缺苗时，采取留双株借苗的办法；如缺苗多，则及时补种或催芽移栽，移栽结合引苗进行。

（3）定　苗

4～5片叶时及时定苗，地下害虫严重的地块可适当晚定苗。去掉小苗、弱苗、病苗、杂苗，留壮苗。

**2. 穗期管理**

覆膜玉米穗期大致时间是6月10日—7月15日左右。这是玉米一生中生长最旺盛、丰产栽培最关键的时期。本阶段管理的重心是促叶、壮秆、增粒。若出现脱肥现象，使用追肥枪适时追施尿素5～10千克/亩。病虫害防治遵循预防为主综合防控的方针和统防统治的原则。

**3. 花粒期管理**

时间从7月下旬—9月下旬。本阶段管理的重心是防止叶片早衰，增加粒数和粒重。当二代玉米螟或三代黏虫发生危害时，用自走式高架喷雾机械或无人机喷洒高效低毒低残留的农药防治，严重时也可采取航化作业控制虫情。如发现有黑穗病，将病株拔除，于田外深埋或烧毁，防止下年传染。

## 四、收　获

当田间90%以上玉米果穗苞叶枯白而松散，子粒变硬、基部出现黑色层，用指甲掐之无凹痕，表面有光泽，即可收获。一般在9月末10月初收获，收获后及时回收残膜。

## 玉米旱作区全膜覆盖双垄沟播技术图集

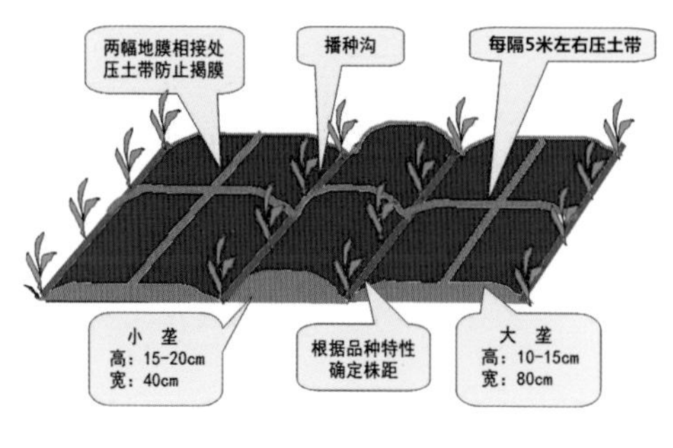

全膜覆盖种植模式

春整地

全膜覆盖精量播种

田间照片 1

田间照片 2

田间照片 3

机械收获

秸秆打包

残膜回收

残膜及管带再加工

## 一、选地与整地

### 1. 选　地

选择土壤肥力中等以上，地势平坦，土层深厚，井电配套的地块。

### 2. 整　地

每亩施入腐熟农家肥 2 ～ 3 吨，播种前深松 30 厘米，旋耕 15 厘米，达到上虚下实、土碎无坷垃。

## 二、播　种

### 1. 品种选择

选择通过国家或内蒙古自治区审定或引种备案的，生物产量高、品质优良、耐密植、抗倒伏、抗病虫害的专用青贮玉米品种。种子纯度达到 96% 以上、净度达到 98% 以上、发芽率达到 93% 以上。购买经过精选、分级和包衣的种子，如购买了未经包衣处理的种子，应进行选种、晒种和包衣等种子处理。

### 2. 播　期

通辽地区一般在 4 月下旬—5 月上旬，当 5 ～ 10 厘米土层温度稳定 8 ～ 10℃时，即可播种。

### 3. 种植模式

采用宽窄行（大小垄）种植模式，宽行（大垄）80 厘米，窄行（小垄）40 厘米，株距根据所需种植密度确定。有条件的地块可选择大小垄浅埋滴灌模式。

### 4. 播种机选择

选用适宜大小垄种植模式的种肥分层播种机实施机械化精量播种，或浅埋滴灌专用播种机。一次性完成开沟、施肥、铺管、播种、覆土、镇压等作业。

**5. 种植密度**

根据品种定密度，分蘖型品种密度 4 000 ～ 4 500 株 / 亩，单秆型品种 4 500 ～ 5 500 株 / 亩。

**6. 播种深度**

播种深度应根据品种特性和土壤类型确定，要求深浅一致，覆土均匀，镇压后播深 3 ～ 4 厘米。

**7. 种　肥**

每亩深施磷酸二铵 15 ～ 18 千克、硫酸钾 4 ～ 5 千克、尿素 2 ～ 3 千克，深施于种子侧下方 5 ～ 6 厘米处。

## 三、田间管理

**1. 除　草**

如播种时土壤较干，会影响除草剂效果，建议在第一次灌水后喷施芽前除草剂。苗后除草应在玉米 3 ～ 5 叶期，杂草 2 ～ 4 叶期进行。

**2. 追　肥**

玉米拔节至大喇叭口期，追施尿素 35 ～ 40 千克 / 亩，并中耕、培土，追肥后及时灌水；或利用浅埋滴灌水肥一体化技术，分别在拔节期和大喇叭口期按 3∶7 的比例追肥，也可根据玉米生长需求结合灌水分多次追肥。

**3. 灌　溉**

根据墒情按需灌水。畦田管灌地块全生育期灌水 4 ～ 6 次，玉米拔节后结合追肥浇拔节水，大喇叭口期浇孕穗水，田间持水量低于 70% 时每次灌水 50 ～ 60 立方米 / 亩。浅埋滴灌地块根据墒情滴灌 6 ～ 7 次，每次滴灌 20 ～ 30 立方米 / 亩。

**4. 病虫害防治**

采取生物防治措施，或者选用广谱、高效、低毒、无残留的杀虫剂。重点注意选择适宜的种衣剂对种子进行包衣处理，防治地下害虫及丝黑穗病、瘤黑粉、茎基腐等土传和种传病害。生育期间重点注意玉米螟、黏虫、草地螟、大小斑病的防治，并遵循预防为主、综合防控的方针，坚持统防统治的原则，整个乡镇、村屯的玉米田均要认真防治。

## 四、刈　割

最适收获期在玉米子粒乳熟末期至蜡熟前期，刈割时应选晴好天气，避开阴雨天，避免收割时挟带泥土。一般在 9 月上旬左右，玉米全株含水量为 65% ～ 75% 进行刈割。如果收获时含水量过高，应晾晒 1 ～ 2 天后再切段。装填入窖前应检查原料的含水量，一般要求在 65% 左右，水分过低不利于青贮料在窖内压紧压实。青贮玉米收割后应在最短时间内贮存完毕，以免损失养分或发生霉变，影响青贮质量。

## 五、青贮制作

### 1. 贮存方式

青贮的方式根据饲养规模、地理位置、经济条件和饲养习惯可分为窖贮、袋贮、包贮等。通辽地区主推窖贮，分为永久性窖和土窖两种，可建成地下式、半地下式和地上式。要求不透气、不漏水。永久窖池墙体用砖（石材）、水泥砂浆砌筑，内壁和地面用水泥砂浆抹面，土窖内壁衬 1 ～ 2 层塑料膜。

（1）贮窖选址

地势高燥、向阳、排水良好、贮取方便。

（2）窖池容积

窖池容积 = 所需贮存青贮量（千克）÷ 550 千克 / 立方米。

### 2. 青贮窖准备

清洁窖池后，用 10% ～ 20% 石灰水进行消毒。装窖前用 1 层干净的青贮专用塑料膜沿着墙体铺开，尽可能紧贴青贮窖的底部和四周，保证密封。

### 3. 装窖及密封

（1）装　窖

边粉碎、边填装、边压实，整窖按层填装，填装至高出窖上口 20 ～ 30 厘米。每填装 20 厘米层高时，压实一次，每窖连续一次性完成填装。

（2）密　封

装窖完成后用塑料薄膜密封青贮窖的上口和取料口，塑料薄膜边缘延伸到窖体外缘，上口用 20 ～ 30 厘米厚的碎土覆盖。随着青贮料的成熟及土层压力，窖内青贮料会慢慢下沉，土层上会出现裂缝，出现漏气，因此要经常检查，防设施破损、漏气。

**4. 取　用**

一般经过 40 ～ 50 天（20 ～ 35℃ / 天）的密闭发酵后，即可取用饲喂家畜。青贮后的玉米秸颜色呈黄绿色或青绿色，具有轻微的酸味和水果香味。在窖内压得紧密，取出后用手拿起时松散柔软，略湿润，不粘手，茎叶保持原状，容易清晰辨认和分离。取用时从窖池的一端开窖，自上而下切面取用，每次取后封盖好取料面，取出量以日用量为准。

## 饲用玉米青贮技术图集

深松

旋耕

精量播种

中耕

机械收获

装窖

# 鲜食玉米高产栽培技术

## 一、选地整地

### 1. 选　地

选择地势平坦，土壤肥力中等以上，土层深厚，井电配套的地块，周边环境及土壤必须符合相关地方标准。

### 2. 整　地

每亩施入腐熟农家肥 2 ～ 3 吨，播种前深松 30 厘米，旋耕 15 厘米，达到上虚下实、土碎无坷垃。

## 二、隔离种植

隔离种植方法有两种：一是距离隔离，即其周围 200 米以内的田块不能种其他类型的玉米；二是时差隔离，一般糯玉米要求花期相隔 15 天以上，甜玉米要求花期相隔 30 天以上，避免串粉杂交。

## 三、播　种

### 1. 品种选择

尽量选择早熟品种，主要有三个原因，一是春播甜、糯玉米，上市越早，越具价格优势；二是早熟品种宜于分期播种，便于收获后销售与加工；三是对第二茬作物农时影响较小。

### 2. 播　期

通辽地区一般在 4 月下旬—5 月上旬，当 5 ～ 10 厘米土层温度稳定 8 ～ 10℃时，即可播种。鲜食玉米以早熟品种为主，为了提早上市，可适当早播。

### 3. 种植模式

推荐采用宽窄行（大小垄）种植模式以增加群体通风透光性，即可合理增密，又便于采收。宽行（大垄）80 厘米，窄行（小垄）40 厘米，株距根据所需种植密度确定。有条件的地块可选择浅埋滴灌模式。

#### 4. 播种机选择

选用适宜大小垄种植模式的种肥分层播种机实施机械化精量播种，或浅埋滴灌专用播种机。一次性完成开沟、施肥、铺管、播种、覆土、镇压等作业。

#### 5. 种植密度

根据品种定密度，高秆大穗型品种密度 4 000 ～ 4 500 株 / 亩，矮秆小穗型品种 4 500 ～ 5 500 株 / 亩。

#### 6. 播种深度

播种深度应根据品种特性和土壤类型确定，要求深浅一致，覆土均匀，镇压后播深 3 ～ 4 厘米。

#### 7. 种　肥

每亩深施磷酸二铵 15 ～ 18 千克、硫酸钾 4 ～ 5 千克、尿素 2 ～ 3 千克，随播种机深施于种子侧下方 5 ～ 6 厘米处。

### 四、田间管理

#### 1. 除　草

如播种时土壤较干，会影响除草剂效果，建议在第一次灌水后喷施芽前除草剂。苗后除草应在玉米 3 ～ 5 叶期，杂草 2 ～ 4 叶期进行。要注意的是，烟嘧磺隆不能用于甜玉米及糯玉米。

#### 2. 中　耕

苗期第一次中耕，深度 10 厘米左右；拔节期第二次中耕，深度 15 ～ 20 厘米。

#### 3. 去除分蘖

鲜食玉米分蘖较多，应在拔节期及时打杈，去除分蘖。去除分蘖越早越好，否则消耗养分，影响结穗及果穗的商品性。如遇多穗现象，保留上方 1 ～ 2 个穗，卖青穗的品种最好只留 1 穗，节位以 6 ～ 8 叶为好，以促使棒大粒满。

#### 4. 追　肥

每亩追施尿素 30 千克，糯玉米分别在拔节期、大喇叭口期、吐丝期按 3∶6∶1 的比例追施；甜玉米分别在苗期、拔节期、大喇叭口期、吐丝期按 2∶2∶5∶1 的比例追施。

**5. 灌　溉**

根据墒情按需灌水。畦田管灌地块全生育期灌水 4 ～ 6 次，玉米拔节后结合追肥浇拔节水，大喇叭口期浇孕穗水，田间持水量低于 70% 时每次灌水 50 ～ 60 立方米 / 亩。浅埋滴灌地块根据墒情滴灌 6 ～ 7 次，每次滴灌 20 ～ 30 立方米 / 亩。

**6. 病虫害防治**

鲜食玉米茎秆及果穗营养成分均高于普通玉米，更容易遭受各类病虫为害，必须及时防控。鲜食玉米作为直接食用品，要严格控制化学农药的使用，尽量采用生物防治及综合防治措施。播种时可采用辛硫磷或 2 000 ～ 3 000 倍乐果溶液拌种，防治蝼蛄、蛴螬、地老虎等地下害虫，大喇叭口期投放赤眼蜂蜂球防控玉米螟。如遇严重病虫害必须使用化学农药，则应遵循慎用、少用、早用的原则。

## 五、收　获

应根据品种特性、当季气温、加工要求等因素，确定适宜的采收期。一般糯玉米采收期以授粉后 25 ～ 28 天为宜，甜玉米采收期以授粉后 17 ～ 22 天为宜。收获后还应注意保鲜，短期保鲜不要剥去苞叶，运输途中尽可能摊开降低温度，超甜玉米从采摘到上市的时间尽量控制在 2 小时以内，糯玉米储存时间可稍长一些，但也要控制在 24 小时以内。

## 鲜食玉米高产栽培技术田间作业图集

深松

旋耕

浅埋滴灌精量播种

中耕

投放赤眼蜂球或蜂卡

无人机飞喷白僵菌悬浮剂

# A 级绿色食品水稻栽培技术

## 一、选　地

选择无霜期在 145 天以上，年活动积温在 2 900℃以上，年降水量 450 毫米以上的地区。要求土层深厚、排水良好、有机质含量在 2% 以上、土壤 pH 值在 7 左右。经自治区级绿色食品管理部门指定的环境监测部门监测，产地环境质量符合 NY/T 391—2000《绿色食品产地环境技术条件》的要求。

## 二、苗床准备

### 1. 秧田选择

选择无污染、地势平坦、背风向阳、排水良好、交通方便、土质肥沃的中性园田地或旱田地做秧苗田。秧田长期固定，连年培肥、消灭杂草。

### 2. 秧本田比例

一般 1∶70，每亩本田需育秧田 12 平方米。

### 3. 苗床规格

小棚育苗，苗床宽 1.2 米，床长 10 ～ 15 米，床高 6 ～ 10 厘米，棚高 45 厘米，床间步道宽 50 ～ 60 厘米为宜；中棚育苗，床宽 2.8 米，床长 15 ～ 20 米，床高 6 ～ 10 厘米，棚高 75 厘米。

### 4. 整地做床

做床要早春浅耕 10 ～ 12 厘米，清除根茬，打碎坷垃，整平床面。

### 5. 备好苗床肥土

尽量在上年夏天准备床土，伏天高温积肥消毒，消灭病源菌、虫卵、杂草籽。发好倒细，用纺织袋装好，放在避雨处存放，待第二年育苗前施在床面上。

### 6. 苗床施肥调酸

每平方米施腐熟的猪粪 10 ～ 15 千克，壮秧营养剂 0.125 千克，与 10 厘米厚备好的床土混拌均匀后，一起施在床面上。

**7. 浇足苗床底水**

使床土含水量达到饱和状态。

## 三、品种选择及种子处理

**1. 品种选择**

根据地域特点选择高产、优质、抗逆性强的优良品种。要求纯度不低于98%，发芽率不低于90%，净度不低于99%，含水量不高于14%。种子每年更新1次。

**2. 选　种**

筛除草籽和杂质，提高种子净度。用波美比重1∶1的黄泥水或盐水选种（可用鲜鸡蛋测定比重，鸡蛋在溶液中露出五分硬币大小即可）。捞出秕谷，再用清水冲洗两次种子。

**3. 浸　种**

种子吸水饱和（腹白与胚乳一样有通明发亮感，切开种子，胚乳水浸状，闻有清香味）捞出即可。水温15℃需浸种5～6天，水温10℃需8～9天。禁止使用“一浸灵”等消毒药剂。

**4. 催　芽**

将浸泡好的种子，在温度30～32℃条件下催芽破胸，当80%种子破胸时，将温度降至25℃，经常翻动。当芽长1～2毫米时，降温至15～20℃晾芽。

## 四、播　种

**1. 播　期**

根据不同土壤、气候，各水稻作业区在日平均气温稳定通过6～8℃时播种。从4月7日—10日开始播种，4月15日播种结束。

**2. 播种量**

发芽率在90%以上的种子，每平方米播芽350～400克。

**3. 覆　土**

播后压一遍，使种子三面着地，然后覆土0.5～1厘米，再进行苗床封闭，扣棚覆膜。

### 4. 封闭灭草

为防除秧田杂草，要用化学除草剂进行床面封闭。一般每亩可用60%丁草胺乳油100毫升兑水30千克喷雾，喷后搭架盖膜。

## 五、秧田管理

### 1. 温度管理

早通风早炼苗，播种至出苗期，密封保温保湿。出苗至一叶一心期，通风炼苗，棚内温度控制在28℃以下；二叶一心期，逐步加大通风量，严防烧苗和徒长，棚内温度控制在25℃以下；三叶一心期，棚内温度控制在20℃左右。移栽前3天，昼夜揭盖炼苗，如遇低温冷害，增加覆盖物及时保温。

### 2. 水分管理

秧苗一叶一心前，尽量不多浇水，保持土壤湿润即可，如果床面干裂要及时补水，床面积水要晾床；秧苗二叶一心期后，苗床干旱要在早晚浇透，揭膜后可适当增加浇水次数。

### 3. 苗床灭草

在苗床封闭灭草的基础上，进行人工除草。

### 4. 病害防治

加强管理，防低温、高温侵害，严防秧苗徒长。如床土pH值高于6时可喷施浓硫酸稀释1 000倍液（一叶一心至二叶一心期喷两次）进行补酸，随后喷浇一遍清水洗苗。尽量不使用药剂防治。

### 5. 苗床追肥

秧苗二叶一心期若发现脱肥，每平方米苗床用2.5克硫酸铵兑水配制成1%硫酸铵溶液喷施，随后再喷浇一遍清水洗苗。

### 6. 起　秧

起秧前一天浇水，用平板锹起秧，秧苗带土厚度2厘米左右。

## 六、插　秧

### 1. 本田整地

（1）建方条田

整地前清理好排灌水渠，保证畅通，每个池子面积1亩左右。

（2）秋翻地

实行秋整地，新开稻田翻深 15 ～ 18 厘米，老稻田翻深 10 ～ 12 厘米；还可进行翻旋结合，翻 2 年旋 1 年。

（3）旱耙地

上年秋翻地块，于 3 月中下旬开始进行旱耙地，整平耙细，平好堑沟，打好池埂。旋耕地块，只进行水整地。

（4）放水泡田

要早放水，早泡田，除春涝年份，每年 5 月 10 日开始放水泡田。

（5）水整地

在插秧前 4 ～ 5 天，进行水整地，平整池底，做到灌寸水不露泥，肥、水不排出。

**2. 本田施肥**

每亩施入优质农家肥 2.5 吨，鸡鸭粪 150 千克，稻草灰 150 千克，结合旱耙施入。结合水整地，每亩施磷酸二铵 20 千克。农家肥要经过高温堆肥腐熟，不使用硝态氮肥，有机氮和无机氮之比不超过 1∶1。

**3. 插　秧**

（1）插秧时间

5 月中下旬日平均温度稳定通过 13 ～ 15℃时，开始插秧，5 月末结束。

（2）插秧规格

插秧行距 30 ～ 40 厘米，穴距 10 ～ 13 厘米，每穴 3 ～ 5 株，每平方米 25 ～ 35 穴。机插秧深度 2 厘米左右，深浅一致，行直穴匀，及时人工补苗，扶立倒苗。或拉线手插秧，插秧深度以灌水不漂秧为准。

## 七、水田管理

**1. 灌　溉**

严禁工厂排放的废水及未经处理的生活废水进入稻田。采用浅水灌溉技术，提高地温，促进生育。

（1）浅水插秧

为保证插秧质量，缓苗快，一般采用灌水 2 ～ 3 厘米浅水层插秧。

（2）深水护秧

插秧后深水护苗，水层深为秧苗高的2/3，保持3～5天，防止插秧后5月下旬春霜冷害，促进稻苗安全返青。

（3）浅水分蘖

水稻分蘖开始浅水灌3～5厘米，提高水温，有利于分蘖，时间上到6月底7月初有效分蘖终止期。

（4）长穗期灌溉

7月上中旬水稻生长旺盛期应进行深灌水。分蘖25天以后，晒田2～3天控制无效分蘖，根据稻苗长势，分蘖情况，一般在7月10—15日前后，水稻颖花分化，幼穗形成，灌深水10～12厘米。

（5）灌浆期灌溉

抽穗后灌浆期保持水层深5～7厘米，蜡熟期应间歇灌水。9月中下旬停止灌水，但盐碱水稻田应延期几天，预防返盐碱影响水稻产量。

（6）黄熟期排水

撤水时间一般在收割前15天左右。收割时间因地制宜，一般在10月5日前后根据稻粒成熟度及秋霜早晚情况来确定收获时间。

### 2. 追　肥

6月下旬每亩追施尿素10千克，7月中旬每亩根外追施磷酸二氢钾0.15千克，底肥少，积温高，苗数少或长势弱的田块应早追多追，反之，晚追少追。最后一次追肥必须在收获前30天完成。

### 3. 除　草

插秧后10～15天人工除草，隔10天左右进行第二次除草。7月10日左右拔节孕穗期，彻底清除田间大草。

### 4. 病虫害防治

坚持预防为主、综合防治、绿色环保，农业防治、生物防治和化学防治相结合的原则，尽量不用或少用化学药剂。

（1）水稻螟虫防治

6月下旬，及时检查稻田，定期进行病虫害测报，如发生水稻螟虫、黏虫，在幼虫三龄期前进行防治，每亩用20%速灭杀丁10～15克兑水50千克喷雾一次。

（2）稻水蝇防治

一般在 6 月发生，每亩稻田用 90% 敌百虫晶体 50 ～ 100 克兑水 40 ～ 60 千克，喷雾灭虫 1 次。

（3）稻瘟病防治

采取生物防治技术，对稻瘟病可用生物性农药 2% 春雷霉素粉剂，每亩 30 克，1 000 倍液喷洒一次。

（4）稻飞虱防治

稻飞虱在通辽地区发生较少，如若发生，在水稻幼穗分化后（7 月），每亩用 2.5% 溴氢菊酯（敌杀死）乳油 10 ～ 15 毫升喷雾 1 次即可。

## 八、收　获

当田间 90% 以上水稻进入完熟期后适时收获，边收边捆，及时晾晒，降低稻谷水分。分品种单收、单晒、单脱粒，做到单种保管和交售，使绿色食品水稻产品达到国家规定的二级以上标准。绿色食品水稻生产过程，要建立田间技术档案，做好生产过程的全面记载，并妥善保存，以备查阅。

# 水稻绿色提质增效栽培技术

## 一、育　秧

采取工厂化育秧，全生物降解秧盘统一供秧，或分户育秧。

### 1. 品种选择

选择经过国家审定或内蒙古自治区审（认）定的适宜通辽地区种植的丰产、稳产、抗病、抗倒的优良品种，或通过连续两年以上有机栽培、穗选获得的稻种。禁止使用转基因品种。

### 2. 种子处理

晴天晒种 2 ～ 3 天。盐水选种，去除秕粒。浸种催芽，先用石灰水杀菌 3 ～ 5 分钟，常温水浸种 5 ～ 6 天后放在 30℃条件下破胸，80% 种子露白时，降至 25℃催芽，芽出齐后散温凉芽 4 ～ 6 小时播种。或温汤浸种催芽，将种子放入恒定的 53℃水中提温半个小时后进行催芽。

### 3. 置床处理及播种

置床翻深 10 ～ 15 厘米，清除杂草，打碎坷垃，整平压实。选择草炭土等腐殖土做盘土，去除杂草，破碎过细筛。选择猪粪、羊粪和牛粪的混合腐熟农家肥与床土 1∶5 比例混匀，过 6 ～ 8 毫米细筛。将食用白醋用水稀释到 pH 值 3 左右的酸化水浇拌盘土，使盘土 pH 值达到 4.5 ～ 5.5。

先将置床浇透水，待水渗下后，摆放秧盘，装满盘土，浇透清水。气温稳定通过 5 ～ 6℃即可播种（4 月 1—10 日）。均匀播种，轻压入土，覆土 0.5 ～ 1 厘米，覆盖地膜。根据品种特性，一般每亩本田用种量 4 千克左右，育秧面积与本田面积比例为 1∶70 ～ 1∶100。

### 4. 苗床管理

出苗前，棚内温度保持 20 ～ 28℃。秧苗出齐，顶膜立针时，及时撤掉地膜。床土发白变干时要及时浇水，浇水时间为早晨揭棚膜后和傍晚扣棚膜前。

随气温增高和通风口加大，增加补水，每次浇透，禁止大水漫灌。结合浇水使用2～3次酸化水（pH值5左右食用白醋稀释的酸化水），保持盘土的酸性，利于育壮苗抗病。

### 5. 炼　苗

出苗撤膜后，白天晴朗高温时，开始通风炼苗；一叶一心前小通风，即两端和背风面通风；一叶一心到两叶一心，两侧适当通风；两叶一心后加大通风，使棚内温度保持在25℃左右，日均气温稳定在12℃以上时，昼夜通风炼苗，大风天不练苗，阴天少炼苗，并逐步揭掉棚膜，无纺布不揭。

### 6. 追　肥

苗期结合浇水浇农家肥浸出液或沼液1～3次。

## 二、整地施肥除草

机械翻地，平整本田，耙前每亩施优质农家肥2～3吨或沼渣1吨。采用"三泡两耙"水整地、除草。插秧前12～15天，进行第一次浅水泡田，不排不进，晒田提温，促进杂草萌发；5～7天杂草出芽后，进行第二次浅水泡田，耙地除草，然后排水保持田间湿润状态，继续促进杂草萌发；插秧前1～2天进行第三次泡田和第二次水耙地。

## 三、插　秧

### 1. 插秧期

平均气温稳定通过12℃，一般为5月中下旬，秧龄30天左右，秧苗三叶一心即可插秧。

### 2. 插秧规格

插秧行距30～40厘米，穴距10～13厘米，每穴3～5株，每平方米25～33穴。

### 3. 插秧方式

机插秧深度2厘米左右，深浅一致，行直穴匀，及时人工补苗，扶立倒苗。或拉线手插秧，插秧深度以灌水不漂秧为准。

## 四、田间管理

### 1. 水层管理

采用“两浅两深一间歇”的节水灌溉法：插秧至返青结束，浅灌 3 ～ 5 厘米；有效分蘖期浅水促蘖，浅灌 3 ～ 5 厘米；有效分蘖期末，灌 10 ～ 15 厘米深水控蘖；拔节孕穗至抽穗扬花期，灌溉水深 5 ～ 10 厘米；灌浆腊熟期间歇灌水；腊熟末期撤水。

### 2. 追　肥

在拔节期、穗粒期每亩各追施 1 000 千克优质农家肥或 500 千克有机专用肥料或沼渣、沼液。

### 3. 收　获

收获前去除田间倒伏、染病植株。在水稻完熟期时收割，分品种单收、单晒、单脱粒。机械脱粒，自然晒干至含水率 14% 以下。

## A 级绿色食品水稻栽培技术及水稻绿色提质增效栽培技术图集

大棚育秧

机械插秧

田间照片 1

田间照片 2

田间照片 3

机械收获

# 高粱机械化生产技术

## 一、选地整地

### 1. 选　地

选择地势平坦、土层深厚、结构良好、肥力适中的田块。切忌重茬或迎茬。

### 2. 秋整地

选择适宜机具，在前茬作物收获后及时灭茬深耕，秋整地须耕翻、灭茬、耙耢连续进行，耕翻深度 25 ～ 35 厘米，做到无漏耕、无坷垃，旋碎田间秸秆杂草，达到机械化作业标准。

### 3. 春整地

播种前旋耕 15 厘米，做到无大土块、残茬、杂草，耕层上虚下实，地面平整。

## 二、品种选择

根据各地的积温、土质、降水和灌溉条件以及高粱的商品用途，选择通过国家或内蒙古自治区审定或引种备案的，高产、优质、高抗、适宜机械化作业的中矮秆专用品种。要求纯度 96% 以上，净度 98% 以上，芽率 95% 以上。

## 三、播　种

### 1. 种子处理

选出粒大饱满的种子，去除秕种、坏种，晒种 2 ～ 3 天后，进行包衣处理。

### 2. 播　期

一般 5 ～ 10 厘米土层平均温度稳定在 12℃以上，土壤含水量在 16% ～ 20% 时，播种为宜。通辽地区播期在 5 月中旬为宜。

### 3. 播种机选择

可选用等行距（40 ～ 50 厘米）或宽窄行（宽行距 60 厘米，窄行距 40 厘米）的高粱精量播种机。一次性完成施种肥、播种、覆土、镇压等作业。

**4. 种植密度**

根据品种特性，机械化精量播种适宜播种量为 0.5 ～ 1.0 千克 / 亩。种植密度因品种、地力而异，一般种植密度为 8 000 ～ 10 000 株 / 亩。

**5. 播种深度**

播深 3 ～ 4 厘米为宜，镇压后播深达到 2 厘米左右。

**6. 种　肥**

播种时，每亩施纯氮 8 ～ 10 千克、纯磷 5 ～ 10 千克、纯钾 5 ～ 8 千克、纯锌 1 ～ 2 千克，或等养分含量的复合肥或缓释肥。利用播种机侧深施于种子下方 5 厘米处，使种肥隔离。

## 四、田间管理

**1. 苗　期**

苗期及时查田补苗，出现缺苗断垄时，及时浸种催芽补种，或借苗移栽。4 ～ 5 叶时第一次中耕，用小铧浅趟，达到松土增温的效果，利于蹲苗促壮。

**2. 拔节期**

拔节期进行第二次中耕，结合中耕培土，每亩追施尿素 20 千克左右。

**3. 花　期**

孕穗至灌浆期如遇干旱应及时灌水，根据旱情发生的程度，灌水量一般为 30 ～ 50 立方米 / 亩，遇涝及时排水。

## 五、主要病虫害防治

根据不同病虫害发生时期，采取预防为主、综合防控的措施。关键时期达到化防指标时，采用专业植保机械进行化学药剂防控。

**1. 病　害**

（1）高粱丝黑穗病、高粱顶腐病、高粱茎腐病

用 2.5% 烯唑醇可湿性粉剂，以种子重量 0.2% 拌种，或 25% 三唑酮可湿性粉剂，以种子重量 0.3% 拌种。

（2）高粱炭疽病

药剂处理种子，用种子重量 0.5% 的 50% 福美双可湿性粉剂拌种，或 50%

多菌灵可湿性粉剂拌种，可防治苗期种子传染的炭疽病。

（3）高粱靶斑病、高粱大斑病

在高粱喇叭口期，用50%多菌灵可湿性粉剂，或75%百菌清可湿性粉剂，间隔7～10天喷洒1次，连续喷2～3次。

**2. 虫　害**

（1）地下害虫

可用2.5%溴氰菊酯乳油、辛硫磷乳油制成毒土撒施于幼苗根部附近。

（2）蚜　虫

用10%吡虫啉5 000倍液，或50%抗蚜威乳油3 000倍液，或40%乐果乳油1 500倍液喷雾。

（3）黏　虫

用20%氰戊菊酯或4.5%高效氯氰菊酯乳油1 500～3 000倍液喷雾，或用2.5%溴氰菊酯乳油3 000～4 000倍液喷雾。

（4）玉米螟

采用白僵菌封垛、释放赤眼蜂、安装诱虫灯等措施综合防控。玉米螟防治要根据植保部门发布的虫情预报做好田间监测，加强联防，统一防治。

（5）桃蛀螟

2.5%高效氯氟氰菊酯乳油及15%茚虫威乳油喷雾。最佳防治时期为各代卵的突增期至孵化盛期。

## 六、收　获

适时晚收，通辽地区一般在9月末—10月初，当田间80%以上植株基部变黄，叶片枯萎，子粒含水量下降到20%左右，穗下部子粒内含物质凝结成蜡状，子粒变硬而有光泽时，标志着高粱到达生理成熟。选择高粱专用收获机械进行收获，或用小麦或大豆收获机改造。

## 七、贮　藏

秋季收获后未出售的子粒需做好入库贮藏，做到贮藏库通风干燥，防潮、防水、防虫。

# 高粱浅埋滴灌栽培技术

## 一、选地整地

选择地力均匀、保水保肥性较好、井电配套、具备滴灌系统配套设施的地块，切忌重茬或迎茬。前茬作物秋收后及时深翻整地，每亩施入农家肥 2 吨左右，耕翻深度 25 ～ 35 厘米，做到无漏耕、无坷垃。播种前旋耕 15 厘米，做到无残茬、杂草，耕层上虚下实、土壤细碎、地面平整。

## 二、品种选择

根据各地的积温、土质、降水和灌溉条件以及高粱的商品用途，选择通过国家或内蒙古自治区审定或引种备案的，适宜当地生态条件的，高产、优质、高抗、适宜机械化作业的中矮秆（160 厘米以下）高粱品种。要求纯度 96% 以上，净度 98% 以上，芽率 95% 以上。

## 三、播　种

### 1. 种子处理

播前精选种子，选出粒大饱满的种子，去除秕种、坏种，并在晴天进行晒种 2 ～ 3 天后，对种子进行包衣处理。

### 2. 播　期

一般 5 ～ 10 厘米土层平均温度稳定在 12℃以上，土壤含水量在 16% ～ 20%时，播种为宜。通辽地区播期在 5 月中旬为宜。

### 3. 种植模式

采用宽窄行（大小垄）无膜浅埋滴灌种植模式，一般宽行 60 厘米，窄行 40 厘米，株距根据品种和密度确定。

### 4. 播种机选择

选择无膜浅埋滴灌播种机，一次完成开沟、铺带、施种肥、播种、覆土等作业。播深 2 ～ 4 厘米，并将滴灌带埋入小垄行间 2 ～ 4 厘米处。

#### 5. 种　肥

播种时，每亩施纯氮 8 ～ 10 千克、纯磷 5 ～ 10 千克、纯钾 5 ～ 8 千克、纯锌 1 ～ 2 千克，或等养分含量的复合肥或缓释肥。利用播种机侧深施于种子下方 5 厘米处，使种肥隔离。

### 四、田间管理

#### 1. 间苗定苗

播种后 10 天左右，及时检查出苗情况。若发现缺苗，应采取带土移栽方法就近或邻行借苗，尽量确保苗全。3 ～ 4 片叶时除草和间苗，5 ～ 6 片叶时定苗。

#### 2. 中耕除草

提倡除草和定苗前在宽行中耕一次，铲趟结合，达到松土增温的效果，利于蹲苗促壮；7 月上旬进行第二次中耕培土。

#### 3. 水肥管理

高粱较耐旱，苗期不需灌水或少量滴灌，以便蹲苗。在定苗后滴灌水一次，可促进生长；拔节至抽穗开花阶段生长加快，需水量增加，可根据降雨情况滴灌 1 ～ 3 次，一般每次 20 立方米 / 亩，使土壤含水量保持在 60% ～ 70% 即可。若雨水较多则应注意及时排涝。拔节期和灌浆期结合滴灌，分别随水追施尿素 8 ～ 10 千克 / 亩，以满足高粱后期生长需求，提高产量。

#### 4. 病虫害防治

坚持预防为主、综合防治、绿色环保，农业防治、生物防治和化学防治相结合的原则。重点防治蚜虫、粟穗螟、黑穗病、炭疽病等。

### 五、收　获

在保证高粱正常成熟，霜期允许的条件下，适时晚收。一般在 9 月末—10 月初，当田间 80% 以上植株基部变黄，叶片枯萎，子粒含水量下降到 20% 左右，穗下部子粒内含物质凝结成蜡状，子粒变硬而有光泽时，标志着高粱到达生理成熟。选择高粱专用收获机械进行收获，或以用小麦或大豆收获机改造。

# 高粱机械化生产技术及浅埋滴灌栽培技术图集

机械耙地

浅埋滴灌播种

匀垄播种

浅埋滴灌田间照片 1

浅埋滴灌田间照片 2

匀垄种植田间照片

机械子粒直收 1

机械子粒直收 2

# 荞麦大垄双行栽培技术

## 一、选地整地

荞麦对土壤适应性较强，只要气候适宜，除盐碱地、涝洼地、黏重土壤以外，均可种植。年平均气温≥4℃，无霜期100天以上，年有效积温≥1 700℃，年降水量在300毫米以上的地区均可种植。宜选择土质疏松的沙壤土，荞麦忌连作，忌重茬和向日葵茬、甜菜茬。应选择前茬为非蓼科作物地块，前茬作物宜选豆科作物或马铃薯，其次是玉米、高粱、谷子等。推荐轮作方式：荞麦—豆类—大秋作物—荞麦。

每亩施腐熟有机肥1～2吨，配施过磷酸钙、钙镁磷肥等缓释肥20～25千克。深翻或深松25厘米以上，耙平耱细。

## 二、播　种

### 1. 品种选择

选用优质、高产、抗性强、商品性良好的品种，通辽地区一般选择生育期80～90天的优良品种。

### 2. 种子处理

（1）晒　种

播种前1周左右，选择晴天晒种2～3天。

（2）浸　种

用35℃温水浸种15分钟，或用40℃温水浸种10分钟。再用微量元素浸种（如钼酸铵0.005%、高锰酸钾0.1%、硼砂0.03%、硫酸镁0.05%）30分钟，捞出后晒干。

（3）种子包衣或药剂拌种

选用专用的种衣剂进行包衣，或辛硫磷、乐斯本、50%多菌灵可湿性粉剂等进行拌种，用量约为种子重量的0.3%～0.5%，拌种后，堆放3～4小时再摊开晾干，预防地下害虫。

### 3. 播　种

（1）播种时间

根据墒情确定播期，通辽地区一般6月中下旬—7月上旬均可播种。

（2）播种方法

选用大垄双行荞麦播种机播种，垄距45～50厘米，双行间距8厘米，一次完成开沟、施种肥、播种、覆土等作业，播种深度3～4厘米。

（3）播种量

每亩播种量2～4千克，一般甜荞亩保苗4万～6万株，苦荞亩保苗6万～8万株。肥地宜稀，瘦地宜密。

（4）种　肥

每亩施磷酸二铵8～10千克，硫酸钾8千克左右，侧深施于种子下方3～5厘米。

## 三、田间管理

### 1. 中耕除草

当幼苗长至7～10厘米时，进行第一次中耕除草、间苗；现蕾后期，在荞麦封垄前第二次中耕，结合追肥培土进行。

### 2. 灌　溉

有灌溉条件的，开花灌浆期如遇干旱及时灌水。

### 3. 追　肥

封垄前追施尿素5～8千克/亩。在开花结实期，叶面喷施肥料，可用尿素1千克、磷酸二氢钾3千克，兑水45～50千克，于午后叶面喷施，或在10千克水中加5千克过磷酸钙，或在15千克水中加草木灰5千克，浸泡24小时，浸出上清液加水5倍叶面喷施。

### 4. 辅助授粉

开花2～3天，每3亩左右安放1箱蜜蜂。也可在盛花期采用人工辅助授粉，每隔2～3天授粉一次，连续授粉2～3次。于上午9—11时，下午14—16时，用长20～25米的绳子，系一麻布条，由两个人各执一端，沿田块两边从一头走到另一头，往复2次，行走时让麻布条接触荞麦的花部，振动植株，使其授粉。

## 四、病虫害防控

### 1. 主要病虫害

通辽地区荞麦主要病害有轮纹病、褐斑病、立枯病、灰霉病、斑枯病等，主要虫害有蚜虫、蝼蛄、蛴螬等。

### 2. 防控原则

遵循“预防为主，综合防治”的植保方针。坚持以“农业防治、物理防治、生物防治为主，化学防治为辅”的绿色防控原则。

### 3. 农业防治

选用优质、高产、抗病虫品种，播前进行种子消毒，增施腐熟有机肥，合理密植，保持田园清洁，创造适宜的生长发育条件。

### 4. 生物防治

选用浏阳霉素、武夷霉素、农抗 120、多抗霉素等生物药剂防控真菌性病害；选用印楝素、苦参碱、烟碱等植物源药剂，生物药剂阿维菌素防控蚜虫。

### 5. 化学防治

优先用生物制剂或高效、低毒、低残留、与环境相容性好的农药。不同农药应交替使用，任何一种化学农药在一个栽培期内只能使用一次。

（1）轮纹病、褐斑病、立枯病、斑枯病

用 70% 甲基硫菌灵 500 ～ 600 倍液，或 50% 多菌灵 500 倍液，或 25% 嘧菌酯 1 500 ～ 2 000 倍液，或 25% 溴菌腈 1 000 ～ 1 500 倍液，或 64% 恶霜灵 · 锰锌 600 ～ 800 倍液防治。

（2）灰霉病

用 25% 嘧霉胺 1 500 ～ 2 000 倍液，或 50% 腐霉利 1 000 ～ 1 500 倍液，或 25% 嘧菌酯 1 500 ～ 2 000 倍液防治。

（3）蚜　虫

用 3% 啶虫脒 1 500 ～ 2 000 倍液，或 10% 吡虫啉 3 000 倍液，或 1.8% 阿维菌素乳油 1 500 ～ 2 000 倍液药剂防治。

（4）蝼蛄、蛴螬

用 5% 阿维 · 辛硫磷或 15% 乐斯本颗粒剂亩用量 1.5 ～ 2 千克，随播种施于田间。

## 五、收　获

9月下旬，全株子粒75%以上呈现本品种固有颜色时及时收获。收割时最好在阴天或湿度大的清晨，收割时应轻割轻放，减少落粒损失。收割后可堆放几天，促其后熟，再脱粒、晒干、贮藏。

## 荞麦大垄双行栽培技术图集

整地

播种

中耕

田间照片

机械收获 1

机械收获 2

# 谷子宽窄行栽培技术

## 一、轮作倒茬

谷子不宜重茬、迎茬。连作有三大害处：一是病害严重，特别是谷子白发病，重茬的发病率是倒茬的 3 ～ 5 倍；二是杂草严重，谷地伴生的谷莠草多，易造成草荒，即“一年谷，三年莠”；三是谷子根系发达，吸肥力强，连作会大量消耗土壤中同一营养要素，造成“歇地”，致使土壤养分失调。因此，必须进行合理轮作倒茬，以调节土壤养分，及时恢复地力，减少病虫草害。谷子较为适宜的前茬依次是：豆类、马铃薯、甘薯、小麦、玉米等。

## 二、整　地

秋季深耕可以熟化土壤，改良土壤结构，增强保水能力；加深耕层，利于谷子根系下扎，使植株生长健壮，从而提高产量。秋耕要做到早、细、深，一般要求耕深 25 厘米以上。结合秋耕施入基肥，一般以农家肥为主，每亩施入 1 ～ 2 吨。谷子产区多为旱地种植，而且播种季节干旱多风，因此，春季整地要结合“三墒整地”，即耙耱保墒、浅犁塌墒、镇压提墒。做好保墒工作，才能保证谷子发芽出苗所需的水分。“耙耱保墒”是指早春进行“顶凌耙耱”，雨后合墒时也要进行及时耙耱，作用是切断土壤表层毛细管，耙碎坷垃弥合地表裂缝，减少水分蒸发。“浅犁塌墒”指播种前结合施肥进行浅耕，这次浅耕以早为好，耕后及时进行耙耱保墒，打碎坷垃，达到塌墒，以防掉根死苗，提高地温。“镇压提墒”是在播前春旱，土壤疏松，水分散失时所采取的保墒措施，及时镇压以减少孔隙增加紧密度。

## 三、播　种

### 1. 品种选择

选用适宜当地生态气候条件的高产优质、抗逆性强、商品性好的品种。

**2. 种子处理**

一般在种子经风选或筛选后，播种前一周左右晒种 2 ～ 3 天，用 10% 盐水浸泡种子，将下沉的饱满种子捞出，清水漂洗 2 ～ 3 次，再进行晾晒，晾干后待播。种子包衣或药剂拌种应根据当地病虫发生情况，选择具有针对性的药剂或种衣剂。

**3. 播　期**

当耕层土温稳定在 8℃以上时即可播种，通辽地区一般在 4 月下旬至 5 月上中旬，根据墒情可抢墒早播。

**4. 播　种**

采用宽窄行（大小垄）播种机，宽行 60 厘米，窄行 40 厘米，也可根据实际情况选择浅埋滴灌、全膜覆盖、膜下滴灌等节水种植模式。播量一般 0.5 千克 / 亩左右，播种深度 3 ～ 4 厘米。播后及时镇压，减少水分蒸发，促进扎根出苗。种肥以磷酸二铵 15 千克 / 亩、硫酸钾 5 千克 / 亩为宜，播种时注意种肥隔离。

**5. 种植密度**

谷子的密度受品种特性、种植季节、土壤肥力、土地类型、种植方式等因素影响。一般山地 1.2 万～ 1.5 万株 / 亩，沙地 1.5 万～ 2 万株 / 亩，平原水浇地、覆膜或浅埋滴灌地块 2 万～ 3 万株 / 亩。生育期长的品种，水肥条件好的地块，种植密度可达 3 万株 / 亩以上。

## 四、田间管理

**1. 定　苗**

谷子子粒较小，种子所含能量物质较少，加之干旱等原因，容易造成谷田缺苗断垄等问题，因此要加强田间管理。一般在出苗至 2 ～ 3 片叶时，及时进行镇压，3 叶期前后进行查苗补种，5 ～ 7 片叶时及时进行间苗、定苗。

**2. 蹲　苗**

谷子是较耐旱的作物，一般前期不需要灌溉。在水肥条件好，幼苗生长旺的田块及时进行蹲苗。蹲苗的方法主要有镇压、控制肥水、深中耕。

**3. 中　耕**

谷子的中耕管理大多在幼苗期、拔节期和孕穗期进行，一般 3 ～ 4 次。第一次中耕结合间定苗进行，中耕宜浅锄，细碎土块、清除杂草。谷子拔节前后及时清垄，结合追肥灌水进行第二次中耕，要深锄并向根际培土。孕穗期中耕不宜过深，一般 5 厘米为宜，除草同时进行高培土，以促进根系发育，防止倒伏。

### 4. 追　肥

抽穗前 15 ～ 20 天的孕穗阶段是追肥最佳时期，以尿素 5 ～ 10 千克 / 亩为宜。若采用浅埋滴灌等水肥一体化技术可分次追施氮肥，分别在拔节始期追施“座胎肥”，孕穗期追施“攻粒肥”。在谷子生育后期，叶面喷施磷肥和微量元素肥料，可以促进结实和子粒灌浆饱满。

### 5. 灌　溉

谷子拔节期中耕清垄以后，先追肥，后浇水，少量培土，促进新根生长。孕穗期是谷子地上部分营养生长和生殖生长最旺盛的阶段，需要大量的水肥供应，结合追肥进行灌水。

### 6. 后期管理

谷子抽穗以后，一般不再进行中耕，要拔掉大草，并防旱、防涝、防腾伤、防倒伏、防霜冻。

（1）防　涝

谷子开花后，应进行轻浇或隔行浇，不要大水漫灌。

（2）防腾伤

通过中耕降低田间的温湿度，完善排水渠道，适当放宽行距，提高田间通风透光性能。

（3）防倒伏

谷田需精耕细作，使土壤达到上虚下实。苗期不宜浇水，浇水容易形成高脚苗，不利于抗倒伏。拔节抽穗期中耕培土，促进根系深扎和气生根多发。谷子灌浆期，控制氮素营养水平，促进氮、磷营养协调，防止徒长或贪青晚熟。谷子生育期间防止蛀茎害虫为害茎秆。

## 五、收获与贮藏

谷子适宜收获期应根据不同地区的具体条件和品种来决定，一般以蜡熟末期或完熟期收获最好，当谷粒全部变黄、硬化后及时收割。收获过早，子粒不饱满，谷粒含水量高，出谷率低，产量和品质下降；收获过迟，纤维素分解，茎秆干枯易折，穗码脆弱易断，落粒严重。谷子脱粒后应及时晾晒，当含水量为13%时，即可入库贮存，库房要干燥通风。

## 谷子宽窄行栽培技术图集

机械播种

膜下滴灌种植 1

膜下滴灌种植 2

宽窄行种植

# 向日葵宽窄行栽培技术

## 一、合理轮作，备耕整地

选择肥力中等以上、无盐碱或轻盐碱地块，一般土壤含盐量在0.4%以下，有机质含量在1%以上为宜。向日葵忌连作、重茬，至少轮作4年以上，适合与玉米、谷子、高粱、小麦等禾本科作物轮作。喷施过除草剂的谷子、玉米等地块，种植向日葵应特别慎重，以免产生药害，影响向日葵生长。在秋深翻的基础上，及时耙磨保墒。春季结合整地每亩施入有机肥1～2吨，做到地平土碎，土壤上虚下实。

## 二、品种选择及种子处理

根据各地区积温条件，选择生育期适宜、品质优良、抗逆性强、适应性广、丰产性突出的专用品种，要求种子纯度97%以上，净度98%以上，发芽率90%以上，油葵含油率应在45%以上。在播种前晒种2～3天，增强种子活力，以打破种子休眠。晒种后进行种子包衣，选择针对性种衣剂，防治地下害虫。

## 三、播　种

### 1. 播　期

当5～10厘米耕层土壤温度连续5天达到10℃以上即可播种，适当晚播可避开向日葵花期高温高湿等不利天气影响，易于授粉，提高结实率，同时减少病害发生率。生育期在100天以内的品种一般在5月下旬至6月上旬播种，使花期错过雨季。

### 2. 播种方法

采用向日葵气吸式宽窄行（大小垄）精量点播机播种，食葵宽行（大垄）100厘米，窄行（小垄）50厘米；油葵宽行（大垄）65厘米，窄行（小垄）35

厘米。根据实际情况可选择浅埋滴灌或膜下滴灌等配套水肥一体化技术。一般轻度盐碱地和墒情较好的地块播深3厘米左右；旱地、沙土地播深可在4厘米左右；对于食用向日葵及个别顶土能力弱的品种播种要浅些，一般为2厘米左右。

### 3. 种植密度

合理密植应坚持“肥地宜密，薄地宜稀；水浇地宜密，旱地宜稀；矮秆品种宜密，高秆品种稀”的原则。株距根据品种特性而定，一般油葵每亩留4 000株左右，食葵每亩3 000株左右。

### 4. 种　肥

每亩施入磷酸二铵8～10千克、硫酸钾5～7千克、尿素2千克，或向日葵专用肥（$N8-P_2O_520-K_2O12$）20～30千克。

## 四、田间管理

### 1. 苗期管理

向日葵出苗后要及时查田补苗，及时间苗、定苗。1～2对真叶时间苗，2～3对真叶时定苗。选择位正、苗壮、子叶大的苗，每穴留1株。根据苗情采取补救措施，缺苗多时要催芽补种，缺苗少时要移栽补苗。

### 2. 现蕾期管理

（1）中耕除草

做到三铲三趟，结合间苗用小锄松土、浅耕；4～5片叶用大锄产地、二次中耕；封垄前中耕培土。

（2）追肥灌溉

现蕾期结合中耕、浇头水进行追肥。高肥力地块每亩施尿素15千克，中、低肥力地块每亩施尿素20千克，根据实际情况增加少量的钾肥，以增强后期叶片功能，提高抗病性和预防倒伏。追肥距根部10厘米，深施10～12厘米。

### 3. 开花—灌浆期管理

（1）辅助授粉

向日葵是虫媒异花授粉作物，一般每5亩人工放蜂1箱即可。在蜂源不足的情况下，应采用人工辅助授粉。当田间开花株数达到70%以上时开始进行人工授粉，每隔3～5天进行一次，授粉2～3次。人工授粉应选择在上午露水干后，一般9—11时效果最好。方法是用绒布棉花及硬纸材料等制作一个同花盘大小相仿的粉扑，用粉扑在花盘上轻轻摩擦，使花粉粘在粉扑上，然后再用粉扑擦其他花盘完成授粉。

（2）灌　溉

浅浇开花水，不宜大量灌溉。旱浇青、涝排水，切忌大水漫灌，防止倒伏。

（3）追　肥

在开花盛期，叶面喷施 0.3% ～ 0.5% 磷酸二氢钾溶液 1 ～ 2 次，利于提高子粒饱满度。

（4）病虫害综合防治

坚持“预防为主、综合防治、绿色环保”的原则。

● 农业防治

一是选择抗病虫品种；二是建立向日葵与玉米、小麦等作物的科学轮作制度，一般轮作 4 年以上，若不能进行区域轮作，可实行向日葵与圆葱、玉米等套种，进行条带轮作，从而防治菌核病、黄萎病等；三是通过深耕翻、耙磨，破坏病虫害越冬场所；四是清洁田园，收获后将病株、残枝败叶、病花盘、子粒彻底清除出田间深埋或烧掉，尽最大可能的清除越冬的病菌和虫源，减少病虫基数；五是拔除田间病株，清除病残体。在向日葵生长期，发现茎基腐病株立即将病株带土挖出深埋，发现盘腐病株将花盘割掉带出田间深埋或焚烧，减少病株之间传染的机会；六是调整播种时间，躲避病虫危害。在向日葵成熟不受初霜冻影响的前提下适当晚播，使向日葵最易发病的阶段和花期躲过高温高湿的天气，这样利于授粉，能躲避或减轻病害，提高产量。

● 生物防治

一是赤眼蜂防治向日葵螟。利用测报灯、杀虫灯、性引诱剂诱蛾等方法确定放蜂时间，当灯下蛾量或诱捕器内虫量连续多日大量增加时，即确定为葵螟高蜂期。当出现蛾量高峰值时即放第一次蜂，以后每隔 3 ～ 4 天放第二次蜂和第三次蜂。每次放蜂量为 2.4 万头 / 亩，共放 8 万头。也可以在葵花开花期三次覆盖的方法放蜂，当向日葵开花量达 20% 时，放第一次蜂，2.4 万头 / 亩；开花量达 50% 时，放第二次蜂，3.2 万头 / 亩；开花量 80% 时，放第三次蜂，2.4 万头 / 亩。二是用白僵菌、苏云金杆菌（Bt）防治葵螟幼虫。当 50% 的向日葵开花后，将白僵菌菌粉用滑石粉稀释成粉尘剂喷洒，施菌量每亩 5.0 万亿孢子，每亩用（8 000 国际单位 / 毫克）Bt 可湿性粉剂 100 克用滑石粉稀释成粉尘剂，用无人机等专用植保机械喷洒。

● 化学防治

防治菌核病：在向日葵结盘初期用菌核净可湿性粉剂 500 倍液或 50% 甲托 1 000 倍液喷雾 2 ～ 3 次，每次间隔 7 ～ 10 天交替使用。

防治锈病：一般在 7 月中旬，每亩用 15% 三唑酮可湿性粉剂 1 000 ～ 1 500 倍液进行喷施，时间要选择在上午 10 时前或下午 16 时以后的无风无雨天进行。

防治向日葵螟：在 7 月末 8 月初成虫盛发期用敌敌畏熏蒸 1 ～ 2 次，在幼虫盛发期喷施敌百虫 500 ～ 1 000 倍液 1 次即可。

## 五、适时收获

收获过早，千粒重低，空壳率高；收获过晚，子粒易脱落，或遇雨造成花盘、子实发霉腐烂，影响产量和品质。当花盘背面呈黄色，花盘基部茎秆 0.3 ～ 0.5 米也呈现黄色为最佳收获期。及时脱粒，若遇雨花盘会迅速腐烂，影响品质。脱粒后应及时晾晒、清选、存放。收获期注意天气预报，选择晴天收割，尽量不要将收割的葵盘堆放，应单盘摆开凉干后脱粒。按品种单脱单存，严禁不同品种混杂、严禁把烂盘和烂子粒混入，提高产品等级，保证商品质量，增加效益。

# 向日葵膜下滴灌栽培技术

## 一、选地整地

选择四年以上轮作地块，前茬作物以瓜类、豆类为宜，或玉米、高粱、谷子等。秋深翻后及时耙磨保墒，春季每亩施入有机肥 1 ～ 2 吨并精细整地，做到地平土碎，土壤上虚下实，残留的根茬、秸秆等要捡拾干净，以防损伤地膜。

## 二、品种选择

选择生育期适宜、品质优良、抗逆性强、适应性广、丰产性突出的优良品种。

## 三、播　种

### 1. 播　期

当 5 ～ 10 厘米耕层土壤温度连续 5 天达到 10℃以上即可播种，适当晚播可避开向日葵花期高温高湿等不利天气影响，易于授粉，提高结实率，减少病害发生率。生育期在 100 天以内的品种一般在 5 月下旬至 6 月上旬播种，使花期错过雨季。

### 2. 种植模式

采用宽窄行膜下滴灌种植模式，宽行 80 厘米，窄行 40 厘米，株距根据品种特性而定。一般油葵每亩留 4 000 株左右，食葵每亩 3 000 株左右。选用幅宽 80 厘米，厚度不小于 0.01 毫米的地膜。

### 3. 播种机选择

选择专用膜下滴灌播种机，一次性完成开沟、施肥、铺膜、铺管带、播种、覆土等作业，播深 2 ～ 4 厘米。

### 4. 种　肥

每亩施入磷酸二铵 8 ～ 10 千克、硫酸钾 5 ～ 7 千克、尿素 2 千克，或等养分含量向日葵专用肥。

## 四、田间管理

### 1. 间苗定苗

出苗后及时检查苗情，如发现苗与苗眼错位、顶膜现象，及时人工引苗、放苗，1 ～ 2 对真叶间苗，2 ～ 3 对真叶定苗。

### 2. 灌　溉

播种后及时连接滴灌管路，系统检查后滴灌出苗水。滴出苗水不宜过多，以地膜下充分湿润但大垄行间无明水为宜，出苗后再滴一水即可。生育期内根据土壤墒情和降雨情况及时滴灌，保证现蕾期、开花期和灌浆期三个关键时期水分供给，一般全生育期要滴灌 4 ～ 7 次水，每次 30 立方米 / 亩左右。

### 3. 施　肥

在现蕾期、开花期和灌浆期，结合三次滴灌分别随水追施尿素 10 千克 / 亩或等养分含量液态肥。施肥前将肥料在施肥罐中充分溶解，先滴灌清水 30 分钟并检查田间网管，之后开始冲肥，施肥结束后继续滴灌清水 30 分钟，充分冲洗管带以防止残留化肥结晶堵塞滴头。

### 4. 辅助授粉

当田间开花株数达到 70% 以上时开始进行人工授粉，每隔三天进行一次，一般进行 2 ～ 3 次。亦可放蜂授粉，一般每 5 亩放蜂 1 箱。

### 5. 主要病虫害防治

坚持预防为主、综合防治、绿色环保，农业防治、生物防治和化学防治相结合的原则。重点防治菌核病、锈病、地老虎、蛴螬、蝼蛄等。

## 五、收　获

一般在 9 月末至 10 月初，向日葵上部叶片黄绿、下部叶片枯黄、舌状花朵干枯或脱落时应及时收获。收获后，及时将滴灌带收回，并清理田间地膜，统一回收处理，深耕整地。

# 洋葱食葵套种栽培技术

## 一、茬口安排

洋葱在2月份开始温室育苗，4月中旬移栽定植，7月下旬收获。套种食葵6月25日—7月1日播种，在洋葱畦垄两侧各种一行，10月上中旬收获。

## 二、洋葱栽培技术

### 1. 品种选择

选择适宜通辽地区栽培的优质、高产、抗性强、商品性好的品种，尽量选用早熟品种。

### 2. 选　地

选择地势较高、排灌方便、土壤肥沃、近年来没有种植过葱蒜类作物的田块，以中性壤土为宜。

### 3. 育苗期管理

2月初温室育苗，每100平方米苗床施有机肥300千克，过磷酸钙5～10千克。畦宽1.5～1.6米，长7～10米。播种育苗采用撒播方式：先在苗床浇足底水，渗透后撒一薄层细土，再撒播种子，覆土1.5厘米。每100平方米苗床播种600～700克，播种后一定要保持苗床湿润。

幼苗长出第一片真叶后，适当控制浇水。当幼茎长出约4～6厘米，形成弓状，称为“拉弓”，从子叶出土到胚茎伸直，称为“伸腰”，“拉弓”到“伸腰”时及时浇水。幼苗期结合浇水进行追肥，每亩施氮肥10～15千克。幼苗发出1～2片真叶时，要及时除草，并进行间苗，保持苗距3～4厘米。

### 4. 洋葱定植

4月初结合整地，每亩施入农家肥1～2吨、硫酸钾复合肥80千克。为提高土温、便于排水，采用小高垄方式进行整地，垄高10～15厘米，宽

90～100厘米，间距20～30厘米，栽培垄上铺设2行滴灌带，然后覆盖地膜（一般采用厚度≥0.01毫米的黑膜）。

4月15日左右进行移栽定植，每亩定植3万株左右，株距10～13厘米。定植时要注意，两条滴灌带的边侧栽1行，两条滴灌带中间栽4行，如果滴灌带位置扭曲，要将其调整好再进行定植。定植后立即滴灌缓苗水，浇灌至苗根部湿润即可。由于移栽时地温较低，不建议大量灌水。

#### 5. 水肥管理

在洋葱整个生育期中，要做到土壤湿润但不积水，尤其是鳞茎膨大期，要保证水肥供应，才能获得较高的产量。4月15日—7月15日洋葱根系浅，需要湿润的生长环境，但又怕积水，水分太多会造成其根茎腐烂，还容易引起许多病害发生，因此要及时观测土壤湿度，适量灌溉。采收前一周停止浇水，可以使洋葱叶片内的养分回流，增加其鳞茎内养分含量和耐贮藏性。在叶片生长期、鳞茎膨大期、营养转化期分别随水滴灌施入20千克/亩的水溶复合肥。

#### 6. 病虫害防治

洋葱常见的病害有霜霉病、紫斑病、软腐病等，常见的虫害有种蝇、蓟马、红蜘蛛、蛴螬、蝼蛄等。田间管理时，要细心观察各种病虫害的发生情况并及时防治。及时防除杂草，可以有效减轻蓟马等喜食洋葱害虫的发生量。在缓苗后用爱福丁、绿菜宝等农药防治潜叶蝇等害虫，以后每10天左右结合浇水防治一次。

#### 7. 适时收获

7月20日左右洋葱地上叶片70%～80%以上倒伏即可收获，将葱头起出后放在田间晾晒，等到洋葱叶干枯后分剪枯叶，葱顶部剪口要留3厘米，堆放在遮荫通风处。

### 三、食葵栽培技术

#### 1. 品种选择

选择适宜通辽地区栽培的优质、高产、抗性强、商品性好的品种，尽量选用早熟品种。

#### 2. 整　地

食葵为深根系作物，因此秋季整地时耕作深度要达到30厘米左右，浇好秋水。

### 3. 垄间播种

6 月 25 日—7 月 1 日将食葵种子播在洋葱种植行的垄间，采用点播器点播，播种深度以 3 ～ 5 厘米为宜。

### 4. 种植密度

食葵种植不宜过密，通辽地区套种的适宜株距一般为 40 ～ 50 厘米。

### 5. 田间管理

（1）补苗、间苗、定苗

为保证全苗，出苗期应逐田逐行检查，缺苗多时应及时补种。缺苗少时要移密补稀，注意要带土移栽。1 对真叶时间苗，2 ～ 3 对真叶时定苗。

（2）追　肥

食葵在 20 片真叶前后（即生长锥膨大期）追肥可提高产量。追肥方法沟施，在距食葵根茎 10 ～ 15 厘米处开沟，施肥后覆土。现蕾至开花的关键期每亩追施尿素 7.5 ～ 10 千克。

（3）中　耕

整个生育期内进行 2 ～ 3 次中耕除草。1 ～ 2 对真叶间苗时，浅中耕 3 ～ 4 厘米；定苗后 7 ～ 8 天中耕深度 6 ～ 7 厘米，对保墒防旱促苗健壮有较好的作用；最后一次中耕要深，深度 10 厘米左右，并结合追肥进行培土。

（4）尽早打杈

食葵在现蕾到开花期，有些品种分杈较多，应注意打杈。打杈时要“打早打小”，以免伤及茎叶，保证主花盘对养分和水分的需求。

（5）灌　溉

从现蕾到开花阶段是食用葵需水的关键时期，遇旱应及时浇水，雨水较多要采取高培土、深开沟等办法防涝。

（6）辅助授粉

一般每 5 亩人工放蜂 1 箱即可。在蜂源不足的情况下，应采用人工辅助授粉。当田间开花株数达到 70% 以上时开始进行人工授粉，每隔 3 ～ 5 天进行 1 次，授粉 2 ～ 3 次。人工授粉应选择在上午露水干后，一般 9—11 时效果最好。

### 6. 适时收获

一般在 10 月中旬开始收获。当田间 80% 以上花盘变成黄褐色，叶片、茎秆枯黄，花盘下垂，舌状花瓣凋萎，标志着食葵达到生理成熟。收获后晾晒 2 ～ 3 天，种子含水量降低，体积缩小，即可脱粒。

## 向日葵相关生产技术图集

膜下滴灌播种

浅埋滴灌播种

膜下滴灌苗期

浅埋滴灌苗期

田间照片

洋葱套种食葵

成熟期田间照片

田间插盘晾晒

# 蓖麻膜下滴灌栽培技术

## 一、合理轮作

蓖麻宜与粮食及其他作物实行 3 ～ 4 年的轮作，不宜重茬、迎茬种植，否则会导致产量降低、品质下降、病虫害加重。蓖麻茬是玉米、高粱、谷子、小麦等作物的好前茬，俗称“油茬”，合理轮作可达到粮油双丰收的效果。

## 二、选地整地

蓖麻对土壤的要求不是很严格，通辽地区的五花土、白五花土、白塘土、草甸栗钙土、沼坨地、瘠薄地等均可种植。忌种在黏重土壤、下湿地、涝洼地及重盐碱地上。蓖麻膜下滴灌栽培追求高产，应选择土层深厚、质地疏松、酸碱适中、有机质含量丰富，且井电配套具备滴灌设施的地块。

深耕整地可提高产量，一般五花土和轻度盐渍化草甸土深耕 20 厘米以上，白塘土和白沙土 18 ～ 20 厘米即可。深翻后及时耙耱，以使地面平整、疏松细碎、通气保墒。结合整地，每亩施入优质农家肥 1 ～ 2 吨。

## 三、播　种

### 1. 品种选择

选择生育期比当地常规种植品种长 5 ～ 8 天的晚熟品种，一般生育期 100 天左右，早熟品种不宜覆膜种植。选择通过国家或内蒙古审定或引种备案的优质、高产、高抗优良品种。

### 2. 播　期

蓖麻采取膜下滴灌种植方式播种不宜过早，避免出苗后遇到晚霜遭受冻害。通辽地区的适宜播期为 4 月 28 日左右。规模化、大面积种植时，提前干土覆膜播种，等到 4 月 28 日左右滴出苗水。

### 3. 播　种

一般采用一膜双行两条滴灌带的方式，利用膜下滴灌播种机一次性完成开沟、铺管、施种肥、覆膜、播种、覆土等作业。

高秆品种适宜采取大小垄种植，大垄（膜间）宽 90 厘米、小垄（膜上行距）宽 60 厘米，矮秆品种一般采取匀垄种植，膜间及膜上行距均为 75 厘米。每穴播种 2 ～ 3 粒，以保全苗。在膜的选择上，使用 0.01 毫米以上厚度的黑膜，黑膜可达到一定的除草效果。

### 4. 种植密度

肥力较好的地块，高秆品种株距 60 ～ 65 厘米，亩保苗 1 400 ～ 1 500 株，矮秆品种株距 55 ～ 60 厘米，亩保苗 1 500 ～ 1 600 株；肥力中等的地块，高秆品种株距 55 ～ 60 厘米，亩保苗 1 500 ～ 1 600 株，矮秆品种株距 40 ～ 45 厘米，亩保苗 2 000 ～ 2 200 株；肥力较差的地块，高秆品种株距 50 ～ 55 厘米，亩保苗 1 600 ～ 1 800 株，矮秆品种株距 35 ～ 40 厘米，亩保苗 2 200 ～ 2 500 株。

### 5. 种　肥

每亩施入 15 千克磷酸二铵、2.5 千克尿素或 15 ～ 20 千克复合肥做种肥。

## 四、田间管理

### 1. 播种后

播种后及时封闭除草并连接滴灌管网，浇足出苗水，确保抓全苗、育壮苗。

### 2. 苗　期

仔细查看出苗情况，对于播种时膜孔与种子错位的苗，需要人工抠破地膜引苗，放出苗后需把膜口用土封住，以防进风引起杂草生长。2 片真叶时进行人工疏苗，4 片真叶时定苗，去弱留壮，均匀留苗。如膜间杂草较多时，需及时除草。

### 3. 开花—结果期

注重水热条件的合理调节，出现旱象及时浇水，遇涝及时排水。滴灌后或雨后要及时疏松宽行表层土，以利增温保墒，促进植株生长发育。7 月初至 8 月中旬（花果期），若降水不足，出现旱象要及时浇青，每亩滴灌 25 立方米左右，并随水追施 10 ～ 15 千克尿素或 12 千克水溶性复合肥。

#### 4. 花果期—灌浆成熟

蓖麻生育后期是生长发育的高峰期，需水需肥量较大。但此时植株已具备强大的根系，吸水吸肥能力较强，在施足底肥、种肥、追肥的前提下，此阶段重点是做到旱浇青、涝排水。8 月底至 9 月初（灌浆成熟期）如遇“秋吊”要浅浇一次，每亩滴灌 15 立方米左右。

### 五、收　获

在通辽地区，一般 8 月底蓖麻开始陆续成熟。当果穗上有 50% 的蒴果由绿转黄褐色，室间凹陷处呈黄白色时即可采收。收回的蒴果要摊开晾晒，避免堆焐，防止“伤热”而失去商品价值，蒴果充分晾干后再脱壳。大面积种植地块可在 9 月底或 10 月初选用蓖麻收获机械一次性收获，一般在机械收获前 10 天喷施 40% 乙烯利 50 倍液，以促使叶片脱落，便于机收。收获后进行滴灌带回收，并及时清理地膜，可选择专用残膜回收机械，也可自行焊制钉耙机械捡拾或人工捡拾。

# 蓖麻浅埋滴灌栽培技术

## 一、合理轮作

蓖麻宜与粮食及其他作物实行3～4年的轮作，不宜重茬、迎茬种植，否则会导致产量降低、品质下降、病虫害加重。蓖麻茬是玉米、高粱、谷子、小麦等作物的好前茬，俗称“油茬”，合理轮作可达到粮油双丰收的效果。

## 二、选地整地

蓖麻对土壤的要求不是很严格，通辽地区的五花土、白五花土、白塘土、草甸栗钙土、沼坨地、瘠薄地等均可种植。忌种在黏重土壤、下湿地、涝洼地及重盐碱地上。蓖麻无膜浅埋滴灌栽培时，应选择土层深厚、质地疏松、酸碱适中、有机质含量丰富，且井电配套具备滴灌设施的地块。

深耕整地可提高产量，一般五花土和轻度盐渍化草甸土深耕20厘米以上，白塘土和白沙土18～20厘米即可。深翻后及时耙耱，以使地面平整、疏松细碎、通气保墒。结合整地，每亩施入优质农家肥1～2吨。

## 三、播　种

### 1. 品种选择

选择通过国家或内蒙古审定或引种备案的优质、高产、高抗优良品种。

### 2. 播　期

蓖麻采取无膜浅埋滴灌种植方式播种与常规种植的时间相同，通辽地区的适宜播期为4月20—25日。规模化、大面积种植时，提前干土铺管播种，等到4月20—25日滴出苗水。

### 3. 播　种

一般采用一垄双行两条滴灌带的方式，利用浅埋滴灌播种机一次性完成开沟、铺管、施种肥、播种、覆土等作业。

高秆品种适宜采取宽行 90 厘米、窄行 60 厘米的行间距；矮秆品种一般采取匀垄种植，行距 75 厘米。每穴播种 2 ～ 3 粒，以保全苗。

### 4. 种植密度

肥力较好的地块，高秆品种株距 60 ～ 65 厘米，亩保苗 1 400 ～ 1 500 株，矮秆品种株距 55 ～ 60 厘米，亩保苗 1 500 ～ 1 600 株；肥力中等的地块，高秆品种株距 55 ～ 60 厘米，亩保苗 1 500 ～ 1 600 株，矮秆品种株距 40 ～ 45 厘米，亩保苗 2 000 ～ 2 200 株；肥力较差的地块，高秆品种株距 50 ～ 55 厘米，亩保苗 1 600 ～ 1 800 株，矮秆品种株距 35 ～ 40 厘米，亩保苗 2 200 ～ 2 500 株。

### 5. 种　肥

每亩施入 15 千克磷酸二铵、2.5 千克尿素或 15 ～ 20 千克复合肥做种肥。

## 四、田间管理

### 1. 播种后

播种后及时封闭除草并连接滴灌管网，浇足出苗水，确保抓全苗、育壮苗。

### 2. 苗　期

出苗后及时查田补苗，2 片真叶时进行人工疏苗，4 片真叶时定苗，去弱留壮，均匀留苗，在垄间可进行铲耥。如田间杂草较多时，需及时除草。

### 3. 开花—结果期

注重水热条件的合理调节，出现旱象及时浇水，遇涝及时排水。滴灌后或雨后要及时疏松宽行表层土，以利增温保墒，促进植株生长发育。7 月初至 8 月中旬（花果期），若降水不足，出现旱象要及时浇青，每亩滴灌 25 立方米左右，并随水追施 10 ～ 15 千克尿素或 12 千克水溶性复合肥。

### 4. 花果期—灌浆成熟

蓖麻生育后期长势较旺，需水需肥量较大。但此时植株已具备强大的根系，吸水吸肥能力较强，在施足底肥、种肥、追肥的前提下，此阶段重点是做到旱浇青、涝排水。8 月底至 9 月初（灌浆成熟期）如遇“秋吊”要浅浇 1 次，每亩滴灌 15 立方米左右。

## 五、收　获

在通辽地区，一般8月底蓖麻开始陆续成熟。当果穗上有50%的蒴果由绿转黄褐色，室间凹陷处呈黄白色时即可采收。收回的蒴果要摊开晾晒，避免堆焐，防止“伤热”而失去商品价值，蒴果充分晾干后再脱壳。一般在机械收获前10天喷施40%乙烯利50倍液，以促使叶片脱落，便于机收。9月底或10月初采用切割式收获机在收获同时对蓖麻秸秆进行粉碎，回收滴灌带后进行秸秆深翻还田。

## 蓖麻无膜浅埋滴灌及膜下滴灌栽培技术图集

浅埋滴灌播种

膜下滴灌播种

匀垄播种

浅埋滴灌田间照片 1

浅埋滴灌田间照片 2

膜下滴灌田间照片 1

膜下滴灌田间照片 2

机械收获

# 甜菜膜下滴灌栽培技术

## 一、选地及整地

### 1. 选　地

甜菜根体肥大，生物产量高，对土壤理化特性要求较高。因此在选择地块时应注意选择土壤结构疏松、有机质含量高、速效养分含量高、pH 值近中性、地势平坦、排水良好的地块。

甜菜忌重茬和迎茬，比较适宜的前茬作物为玉米、葵花。种植甜菜的地块应实行 4 年以上的轮作制度，甜菜病害严重的地区实行 6 ～ 8 年以上轮作。

### 2. 整　地

秋季深翻前施入发酵好的有机肥 2 ～ 3 吨 / 亩，甜菜专用肥 40 千克 / 亩。秋翻 25 厘米以上，质量达到墒松、碎、齐、平、净，有条件的地块可进行冬灌。

## 二、播　种

### 1. 品种选择

选择叶根比小、苗期发育快、块根楔形、根头较小、根形整齐、根沟较浅的丸粒化单粒种，要求丰产性强、含糖高而稳定、抗病性强。种球直径 2.5 毫米以上、大小均匀、表面光滑、种子发芽率 95% 以上，净度 98% 以上。

### 2. 播　期

甜菜一般在早春播种，适宜低温利于其出苗，还可避免高温天气对土壤水分的蒸发，易实现全苗。当地面化冻 5 厘米以上，耕层土壤温度稳定在 5℃以上时，即可播种，通辽地区一般在 3 月下旬开始播种，4 月初播种结束。

### 3. 播　种

用丸粒化种子气吸式三膜六行精量播种机，一次完成覆膜、铺带、施肥、打孔、播种、压土等作业。采用宽窄行（大小垄）种植，宽行（大垄）60 厘米，窄行（小垄）40 厘米，播深 2 厘米左右，每穴 1 粒。每亩保苗 5 500 ～ 6 500 株左右。

**4. 滴水出苗**

播种前应系统检查潜水泵、首部、输水管道的给水和承压能力。播种结束后，及时铺设滴灌支管，连接管网。支管布局按照地面坡降大小、水源水量及压力来计算，合理布局。播种后滴出苗水 40 ～ 60 立方米 / 亩。

## 三、田间管理

**1. 补苗定苗**

及时查苗、补苗，定苗在 1 对真叶长出时开始，2 对真叶长出时结束。

**2. 中　耕**

在播后 5 ～ 7 天要及时中耕，深度 10 ～ 12 厘米，显行前完成第一次中耕。早中耕使土壤疏松，提高地温，加快甜菜前期生长发育。当子叶出土率达 50% 时，即可开始第二次中耕，要求耕深达到 15 厘米以上，土壤细碎、不翻块、不拉沟、不埋苗、不伤苗。第三次中耕深度要达到 25 厘米以上，要开沟培土护根，分土到苗根。

适时中耕，一是保护根头，减少青头和根腐病的发生，提高甜菜的品质；二是除掉行间杂草；三是促进根系下扎，培育良好根型。

**3. 除　草**

甜菜叶龄 3 ～ 5 叶，杂草叶龄 2 ～ 4 叶时，每亩用 300 毫升 16% 甜菜安・宁乳油 +12.5%除草剂 100 毫升兑水 25 ～ 30 千克，防除甜菜田阔叶和禾本科杂草效果较好。

**4. 蹲　苗**

一般在出苗后 50 天之内不再进行补灌，适当蹲苗可促进根体下扎、塑造良好的根型。

## 四、水肥一体化

**1. 滴　灌**

滴灌次数及时间根据甜菜长势和土壤含水量而定。其中第一次为出苗水，在播种后进行；第二次为蹲苗后，一般在 6 月中旬；7—9 月根据天气及墒情，适时滴灌，一般每次每亩滴灌 40 ～ 50 立方米；9 月初滴 1 次起拔水，收获前 20 天不再滴灌，以促进糖分积累。

### 2. 追　肥

结合滴灌，在苗期及蹲苗后分次进行追肥。苗期每亩施纯氮 2 千克、纯磷 0.3 千克、纯钾 0.3 千克；叶丛期每亩施纯氮 6 千克、纯磷 3 千克、纯钾 2 千克；块根糖分增长期，每亩施纯氮 4 千克、纯磷 5 千克。追施氮肥时间不超过 7 月中旬，以免造成叶片过分生长，消耗大量光合产物，降低块根含糖量及品质。

## 五、病虫害防治

### 1. 甜菜病害

在通辽地区最易出现的甜菜病害为甜菜褐斑病，是一种针对甜菜叶片发作的真菌型病害。常使甜菜减产 10% ～ 20%，含糖量降低 1° ～ 3°。叶片染病初现褐色至紫褐色圆形至不规则形小斑点，最终会导致叶片干枯而死。一般使用吡唑醚菌酯 25% 悬浮剂，每亩 30 ～ 50 毫升，2 000 倍液喷雾。

### 2. 甜菜虫害

虫害主要有苗期的象甲、生育中期的跳甲、三叶草叶蛾等。对象甲、跳甲的防治使用高效氯氰菊酯即可杀灭；对三叶草叶蛾的防治要掌握它的发生规律，第一代幼虫发生于 5 月上旬，虽数量少，但因甜菜苗小，为害较重；第二、第三代幼虫发生于 6 月或 8 月中旬，可用杀灭菊酯或敌敌畏等高效低毒低残留的药物进行叶面喷雾防治。

## 六、收　获

### 1. 收获时期

当甜菜功能叶大量衰亡，茎叶下垂，田间郁蔽状态消除，大行开裂，其长相叶丛疏散外翻，叶片多变为匍匐形，叶色变黄，有明亮的光泽时，标志着甜菜进入工艺成熟期，即可收获。

### 2. 收　获

收获前灌好起拔水，人工割大草并运出地外，避免收获时机械堵塞。回收滴灌管带，清理田间地头菜，使用甜菜专用收获机，完成收获、切削、装车等作业。

# 甜菜纸筒育苗高产栽培技术

## 一、纸筒育苗

### 1. 纸筒准备

选择专用纸材制成的纸筒，播种后40天内不腐烂，40天后自然腐烂。纸筒13～15厘米高，册宽29厘米，长115厘米，每册1 400个单筒，每亩需纸筒4册。

### 2. 床土配制

每亩需床土200千克，土粪60千克，陈马粪20千克，育苗专用肥0.5千克，翻倒6～7遍混拌均匀，并加水喷拌营养土，湿度以手捏成团、一触即散为好。

### 3. 墩土板制作及装土、浇水

为了有利幼苗生长，装入纸筒内的营养土要用墩土板敦实。墩土板的板长140厘米，宽40厘米，厚3厘米，墩土板的长边一侧背面做成斜面，便于推出纸筒。另外做两个纸筒展开框和纸筒拉板，展开框长115厘米，宽和纸筒高度相同，厚1.2厘米左右，拉板长40厘米，宽3厘米，厚0.5厘米。装营养土时将拉板插入纸筒两侧的商标内，将纸筒缓慢拉开，放在墩土板上，卡在展开框的两头，然后将营养土分三次装入纸筒。每次装土后，由两人抬起墩土板将土敦实。敦实后用木板刮去纸筒上的多余土，横放在育苗床上，每册纸筒之间要靠紧并排列整齐，装完土后纸册四周要培土、踩实，然后用喷壶将纸筒浇透。每册纸筒浇水20千克左右，分2次浇入，第1次浇15千克，第2次浇5千克，同时加入2克敌克松杀菌剂消毒。

### 4. 建　棚

纸册浇透水后马上搭建小拱棚，用竹片做拱架，跨度1.5米，长度等于育苗亩数乘以1.2再加1米，拱架之间用拉杆固定，扣上塑料膜后，拱架之间用绳压住棚膜，以防风刮（最好提前一周做床扣膜提温）。

### 5. 播　种

苗床增温 5 ～ 7 天后，用 100℃的热开水喷撒苗床，烫死杂草，然后把干营养土用细筛均匀地撒在苗床上，待干土返湿后播种。甜菜纸筒育苗播期一般为 4 月 1—10 日。播种时将种子放入纸筒，用手指将种子按入土内，每个单筒一粒种子，覆土 0.5 厘米左右，播种覆土完毕后用扫帚轻扫纸筒，使纸筒边缘露出，以利补种、间苗。播种后用敌克松 1 000 倍液轻喷苗床，使种子与土壤接实即可。以上工作完成后立即扣棚。

### 6. 苗床管理

（1）出苗前管理

播种扣膜后尽量保温增湿，加速出苗。要保持棚内温度在 0℃以上，一般在下午 16 时以后在拱棚上盖防寒被，上午 8 时左右揭掉防寒被。

（2）出苗后管理

出苗后要及时检查出苗情况。如缺苗较多，应及时催芽补种。子叶期棚内白天温度保持 15 ～ 25℃，夜间保持 5℃以上，一定不要低于 0℃。一对真叶期棚内保持 20℃左右，夜间保持 0℃以上。当棚外气温稳定在 10℃以上时可揭膜晒苗，但夜间要注意防冻。幼苗出齐后喷 1 次 20℃左右的温水，以后幼苗萎蔫可少浇一些 20℃左右的温水，苗期要控制温度，防止徒长和发生病害。在第一对真叶即将生出时可喷施壮苗剂，提高抗逆性和成活率。同时，发现苗期立枯病及时用恶霉灵等药剂防治。

（3）栽前炼苗

真叶长到 2 ～ 3 厘米后，每天用扫帚轻轻平扫叶面，第二天改为相反方向轻扫，从开始的每天 1 次逐渐增加到每天 4 ～ 5 次，当叶片出现斑点时停止扫苗。移栽前 7 ～ 10 天，播种后第 23 ～ 30 天，昼夜通风炼苗，注意防冻，喷施嫁肥，移栽前 24 小时浇水，浇透即可。

## 二、大田移栽

### 1. 选地、施肥

选择地势平坦、土质肥沃、有水浇条件的，五年以内没有种过甜菜的地块。采取破垄夹肥的方法，行距 50 ～ 60 厘米，亩施优质农家肥 2 ～ 3 吨，高效复合肥或甜菜专用肥 50 千克，合垄后轻压待栽。

**2. 移　栽**

（1）覆膜铺管

选用 0.01 毫米厚、70 厘米宽的聚乙烯地膜，滴头间距为 25 或 30 厘米的滴管带。覆膜铺管模式为“一膜一管双行”，覆膜前将滴灌管铺设在两行中间，滴管带滴水孔朝上。膜边覆土厚度 3 ～ 5 厘米，在膜上每隔 5 米左右压一条土带，防止大风揭膜。

（2）“嫁水”

为易于纸筒分离，在移栽前一天将幼苗浇足水量，使苗床有足够的水分，一册浇水 15 千克左右。

（3）“嫁肥”

为培育壮苗，移前的 4 ～ 5 天用磷酸二氢钾进行叶面喷洒，用量以 20 克磷酸二氢钾兑水 10 千克为宜。

（4）移　栽

5 月 1—5 日开始移栽，最晚不要超过 5 月 10 日。机械移栽或人工扎眼移栽，移栽深度不大于 15 厘米，株距 18 ～ 20 厘米，每亩栽 5 500 ～ 6 000 株。栽后及时浇水。栽后 2 ～ 3 天查田补苗（坐水补苗），栽后 5 ～ 7 天浇缓苗水，浇水前再查田补苗一次。

## 三、田间管理

**1. 中耕松土、除草**

栽后 10 天左右第一次铲趟，6 月 10 日左右第二次铲趟，6 月 25 日左右第三次铲趟、培土。以后要随时拔除大草。

**2. 水肥管理**

6 月末至 8 月初遇旱可浇水 2 ～ 4 次，每亩每次滴灌量为 30 ～ 40 立方米，甜菜起收前 20 天不再浇水，以促进糖分积累。7 月上旬可结合浇水每亩追施尿素 12.5 千克，8 月以后进行叶面追肥 2 ～ 3 次。

**3. 病虫害防治**

苗期及时用辛硫磷等农药防治象甲、跳甲和金龟子等害虫。生长期用辛氰等农药防治地老虎、草地螟等害虫。苗期用立枯灵等农药防治立枯病。7 月中旬以后用百菌清、甲基托布津等农药防治根腐病、褐斑病等病害。

## 四、适期收获

10 月上中旬收获，收获时要随起、随削、随堆藏、随交售，减少田间损失。

# 甜菜膜下滴灌栽培技术及纸筒育苗高产栽培技术图集

膜下滴灌直播

田间照片 1

田间照片 2

田间照片 3

宽行中耕

机械收获 1

机械收获 2

机械装载

# 红干椒高产高效栽培技术

通辽地区红干椒植株中等，50～60厘米高，大椒型，椒长12厘米左右，椒肩宽2.5～3.5厘米，单株坐果30～50个。单果重25克左右，18～22个果即达0.5千克，一般亩产鲜椒2 250千克左右，干椒400～600千克。绿辣椒适于腌制，红鲜椒打酱、腌制、速冻出口，也可做干椒。

## 一、育苗技术

### （一）育苗棚室

选择现有的越冬日光温室或大中型拱棚开展播种工作。新建大中型拱棚应选择背风向阳、地势平坦的地块。新建大棚应在播种前2周完成。

### （二）品种选择

应选择优质高产、商品性好、抗逆性强、色价高、连续坐果率高的品种。

### （三）种子处理

播种前将种子置放于室外阳光充足的地方，晾晒2～3天，切记不能把种子直接放在铁板、水泥地面上直接晾晒。未包衣的种子晾晒后用50～55℃温水浸种8～12小时，用温水淘至无辣味，置放在28～30℃的环境下催芽，催芽期间，保障24小时内温水漂洗种子，待种子有50%露芽时即可播种。如使用包衣的种子，经晾晒后即可播种。播种后，畦田用地膜覆盖。

### （四）育苗时间

日光温室播种在3月初进行，双层大棚播种时间在3月15日左右，普通大棚3月25日以后。

### （五）床土要求

选用土质疏松、有机质含量高、没有种过茄果类作物的园田土，将腐熟好的农肥按每 6 平方米 15 千克拌入 0.1 千克 45% 以上含量的硫酸钾型复合肥充分混拌后，散入床中翻入地下搂平即可。

### （六）播种及覆土

人工摆子或漫撒，覆土 1 厘米，然后浇透水。有露种子的地方再用土盖上。

### （七）育苗期管理

#### 1. 温度控制

从播种到出苗，棚室内适宜温度应保持在 28 ～ 30℃，最低温度应控制在 15℃以上。出苗后棚室温度最好控制在 20 ～ 25℃，最高温度不能超过 28℃，通过放风来调节温度，控制秧苗徒长。4 片叶以后，棚内温度控制在 20 ～ 25℃，提前 15 天炼苗，扩大放风口，调节放风量。移栽前 7 天撤膜。

#### 2. 水分供应

椒苗从出苗到 2 片真叶时，如秧苗不萎蔫，一般不用浇水，如遇旱可适当喷水，进入 4 片真叶后，应保持育苗畦内处于半湿半干的状态，浇水时间应在每天上午 10 时以前进行，浇水以浅浇湿润即可，促根壮苗。

#### 3. 肥料保障

若椒苗发黄或弱小，可适当用磷酸二氢钾 800 倍液进行叶面喷施，切忌追施尿素，为了预防脐腐病，可在苗期喷施两次钙肥（600 倍液）。

#### 4. 病虫害防治

苗期地下害虫防治：用 90% 敌百虫 150 克兑水 4.5 千克，拌 5 千克炒香的麦麸或粗玉米面，撒放到畦埂，可有效防治蝼蛄。

苗期蚜虫防治：可用 10% 吡虫啉 1 500 ～ 2 000 倍液进行喷雾。

猝倒病：因低温多湿，椒苗在 4 叶期之前，易发生猝倒病，未发生前，可用恶甲粉剂 600 倍液喷施根部进行预防。

立枯病：4 片真叶后，高温多湿易引发立枯病，可用恶霉灵 800 ～ 1 000 倍液喷淋土壤防治，一般 7 天防治 1 次。

**5. 壮苗标准**

要求苗龄 60 ～ 70 天，其叶 10 ～ 12 片，叶色浅绿，株高 15 ～ 20 厘米，茎粗 2 毫米左右，木质化程度高，有强性，根系发达无病害。

## 二、移栽技术

### （一）整　地

要求土质肥沃，有机质丰富的土壤。

### （二）底　肥

每亩施 45% 的硫酸钾复合肥 30 千克，拌 0.5 千克毒死蜱颗粒剂防地下害虫，优质农家肥 4 ～ 5 吨。

### （三）芽前除草

覆膜前喷二甲戊灵除草剂，然后覆膜。也可以定植后，随水冲施二甲戊灵除草剂进行芽前除草，建议尽量少使用氟乐灵。

### （四）铺设滴灌带

移栽前 7 ～ 10 天覆膜并铺设管带。

### （五）移　栽

**1. 移栽时间**

终霜过后，日平均气温达到 15℃即可移栽。一般在 5 月 15—25 日。

**2. 移栽密度**

高秧 4 000 ～ 4 500 株 / 亩，矮秧 5 000 ～ 6 000 株 / 亩。

## 三、田间管理

### （一）水分管理

移栽后及时浇定植水，3 ～ 5 天后浇缓苗水，缓苗后适当蹲苗，并及时在大行间中耕松土，提高地温。如不遇特殊干旱，尽量不浇水。待门椒长至纽扣大小时，结束蹲苗开始浇第二次水（6月25日左右），并开始保持土壤见湿见干。在雨水较充沛年份，应适当控制浇水。在涝雨过后，轻浇水，预防沤根和青枯。在雨水较少的干旱年份，每15天左右浇1次，保持土壤见湿见干，防止因干旱造成钙代谢紊乱而发生脐腐病。

## （二）肥料管理

### 1. 需肥规律

辣椒体内养分含量高，而转移率较低，茎、叶片养分大部分较难转移到果实中，茎、叶、花中养分含量和果实相当，因此辣椒属于整体需肥量大的作物。

（1）喜硝氮、钾肥

辣椒属于无限生长类型，边现蕾，边开花，边结果。辣椒生长期长，喜温喜光，但根系不发达，根量少，入土浅，不耐旱、不耐涝，且需肥量较多，耐肥能力较强。一般每生产1 000千克约需氮3～5.2千克、磷0.6～1.1千克、钾5～6.5千克，吸收比例为1∶0.2∶1.3。辣椒偏重氮、钾肥，而对磷肥需求量不大，此外大量需求钙、镁、硼元素。辣椒用硝酸磷钾肥料比较好。

（2）对肥料依赖性大

辣椒一生吸收的氮、钾肥中，60%的氮元素、67%的钾元素来自肥料，因此，辣椒生长期间，需要结合滴灌多次追肥。辣椒开花到坐果，需要氮肥多；从坐果到成熟，需钾肥多。

（3）生育期需肥规律

辣椒在不同生育时期，吸收的氮、磷、钾等养分的数量也有所不同：①从出苗到现蕾，植株根少、叶小，需要的养分也少。②从现蕾到初花植株生长加快，植株迅速扩大，对养分的吸收量增多。③从初花至盛花结果是营养生长和生殖生长旺盛时期，是吸收氮素最多的时期。④盛花至成熟期，植株的营养生长较弱，对磷、钾的需求量较大。

### 2. 施肥技术

（1）基　肥

辣椒耐氯能力中等偏下，因此复合肥一般选用硫酸根型复合肥。一般每亩施优质农家肥4～5吨，纯硝硫基复合肥40千克。如果没有农家肥，最好施用平衡型复合肥，添加适量的生物有机肥或海藻硝基肥。整地前底施 60%，定植时沟施 40%，以保证辣椒较长时间对肥料的需求。

（2）追　肥

利用膜下滴灌技术，根据辣椒生长发育规律和不同生育期需水肥规律，进行水肥一体化管理，追肥原则是少量多次。第一次追肥在辣椒初花期后，坐住果时进行第一次尿素追肥 10 千克 / 亩；当大部分植株门椒坐果后，进行第二次追肥，复合肥 20 千克 / 亩。一般每采收 1 次果，结合滴灌追肥 1 次，每次每亩追施高氮高钾型肥料 20 千克。

红鲜椒追肥时偏氮肥，但不能过量，否则植株徒长坐果率低。在鲜椒采收的高峰期，辣椒需要吸收大量的镁肥，使用含镁硫基复合肥料，每亩 20 千克左右。制作干椒的重点在坐果上红后，在追氮肥的基础上偏钾肥，钾是决定干椒颜色、品质的元素。

（3）叶面肥

结合病虫害防治喷施农药及叶面肥，坐果后适当喷施 0.2% ～ 0.4% 尿素和磷酸二氢钾溶液，防止落花落果。

（4）施肥要点

在生长期要注意控氮增钾，初花期应少施氮肥，以防茎叶徒长和落花落果。如茎上部明显增粗，叶片过大，叶柄向下弯曲，往往会使门椒在开花后落果，一旦出现这类现象，就要控制氮肥用量，增施钾肥加以矫正。进入 8 月，每隔 10 ～ 15 天，喷施磷酸二氢钾进行根外追肥，保证叶片功能。若花期温度高、授粉不良，开花前适当补充硼肥。

## （三）病虫害防治

### 1. 病虫害种类

生理性病害主要有脐腐病、日灼病等；真菌类病害有根腐病、茎基腐病、疫病、炭疽病、灰霉病、褐斑病、煤污病、霜霉病、白星病等；细菌类病害有疮痂病、软腐病、青枯病、细菌性叶斑病；病毒病害有花叶病毒病、厥叶病毒病、顶枯病毒病，以及线虫病。

主要虫害有蝼蛄、蛴螬、地老虎等地下害虫，和蚜虫、烟青虫、白粉虱、红蜘蛛等地上害虫。

**2. 农业防治**

选用抗病虫品种，培育适龄壮苗。严格实施轮作制度，清洁田园，深翻土地，减少越冬虫源。合理密植，科学施肥和灌水，培育健壮植株。及时摘除病叶、病果，拔除严重病株。

**3. 物理防治**

田间悬挂黄板诱杀蚜虫、白粉虱、斑潜蝇等；使用频振式杀虫灯和糖醋液诱杀地老虎、蛴螬、烟青虫等成虫；田间铺银灰膜或悬挂银灰膜条趋避有翅蚜；人工摘除害虫卵块和捕杀害虫。

**4. 生物防治**

保护利用瓢虫、草蛉、丽蚜小蜂等天敌控制蚜虫、白粉虱等。推广使用印楝素、苦参碱、烟碱、苦皮藤、鱼藤酮等植物源药剂。推荐使用农用硫酸链霉素、新植霉素、多抗霉素、浏阳霉素、武夷霉素、农抗 120、白僵菌、阿维菌素、多杀霉素等生物药剂。

**5. 化学防治**

根据病虫害的预测预报，及时掌握病虫害的发生动态，选择高效、低毒、低残留、与环境相容性好的农药，且不同农药应交替使用，任何一种化学农药在一个栽培期内皆只能使用 1 次。

（1）生理病害防治

脐腐病：保持土壤水分均衡供应，见干见湿，控制氮肥用量，果实膨大期叶面喷施 0.1% ～ 0.3% 的氯化钙或硝酸钙水溶液，每 7 天喷 1 次，喷施 2 ～ 3 次。

日灼病：高温干燥天气下，灌水降温、增湿；在田间穿插种植高秆作物适当遮阴；及时补充钙、镁、硼、锌、钼等微量元素，喷施叶面肥，增大叶面积，提高植株综合抗性。

（2）侵染性病害防治

疫病、霜霉病：发病前或初期用 27% 高脂膜 80 ～ 140 倍液或 70% 代森锰锌 500 倍液预防，发病后用 58% 精甲霜灵 · 锰锌 500 倍液，或 72.2% 霜霉威 800 ～ 1 000 倍液，69% 烯酰吗啉 · 锰锌 600 ～ 800 倍液，68.75% 氟吡菌胺 · 霜霉威 700 倍液防治。

根腐病、茎基腐病：用 50% 多菌灵 500 倍液，或 70% 甲基硫菌灵 500 ～ 600 倍液，或 50% 福美双 600 倍液防治，木霉素可湿性粉剂 100 克与 1.25 千克米糠混拌均匀，把幼苗根部沾上菌糠后栽苗，初发病时，用木霉素可湿性粉剂600倍液灌根防治。

灰霉病：发病前或初期用27%高脂膜80～140倍液或70%代森锰锌500倍液预防，发病后用50%腐霉利1 000～1500倍液，或40%嘧霉胺1 200～1 500倍液，或25%嘧菌酯1500～2 000倍液，或65%万霉灵800～1 000倍液防治。

炭疽病、褐斑病、煤污病、白星病：发病前或初期用27%高脂膜80～140倍液或70%代森锰锌500倍液预防，发病后用25%咪鲜胺1 500倍液，或80%炭疽福美600～800倍液，或25%嘧菌酯1 500～2 000倍液，或25%溴菌腈1 000～1 500倍液，或64%恶霉灵·锰锌600～800倍液，或70%甲基硫菌灵500～600倍液，或50%多菌灵500倍液防治。

疮痂病、软腐病、青枯病、细菌性叶斑病：发病前或初期用27%高脂膜80～140倍液预防，发病后用50%氯溴异氰脲酸1 000倍液，或72%农用硫酸链霉素4 000倍液，新植霉素4 000倍液，77%氢氧化铜500倍液，47%春雷·王铜500～600倍液防治。

白粉病：发病初期用2%宁南霉素200倍液，或2%武夷霉素150倍液，发病后用40%氟硅唑6 000～8 000倍液，或10%苯醚甲环唑2 000～3 000倍液，或43%戊唑醇4 000～6 000倍液，或25%三唑酮1 500～2 000倍液防治。

花叶病毒病、厥叶病毒病、顶枯病毒病：发病前或初期用27%高脂膜80～140倍液预防，发病后用2%宁南霉素200倍液，20%盐酸吗啉双胍·铜600～1 000倍液，或5%氟吗啉500倍液，或5%氨基寡糖素100～500倍液，40%吗啉胍·羟烯腺150～300倍液，3.85%三氮唑核苷·铜·锌水乳剂600倍液防治。

（3）虫害防治

蝼蛄、蛴螬、地老虎：用5%阿维·辛硫磷或15%毒死蜱颗粒剂亩用量1.5～2千克，作床时撒施畦面，或栽苗时撒施植株周围防治。

蚜虫：用0.2%苦参碱1 000倍液，或3%啶虫脒1 500～2 000倍液，或10%吡虫啉3 000倍液，或1.8%阿维菌素乳油1 500～2 000倍液防治。

红蜘蛛：用0.2%苦参碱800倍液，或10%浏阳霉素1 500～2 000倍液，45%晶体石硫合剂200～300倍液喷雾，或20%哒螨灵可湿性粉剂1 500～2 000倍液，或50%虫螨净乳油2 000～3 000倍液防治。棚内育苗期也可用30%异丙威·哒螨灵熏蒸防治。

烟青虫：用0.2%苦参碱800倍液，或100亿/毫升白僵菌液加入0.1%～0.2%的洗衣粉，制成悬浮液浸泡后搓洗过滤即可喷雾，每亩必须喷足60千克以上菌液，或用1.8%阿维菌素1 500～2 000倍液，25%灭幼脲3号悬浮剂1 000倍液，2.5%溴氰菊酯3 000倍液防治。防治最佳时期在三龄幼虫以前。

## 四、适时收获

鲜椒可在8月中旬开始收获，干椒在9月25号开始收获，切忌霜后收割。收获的干椒连同植株撮放，5～7天翻动1次，待椒果手握无气时即可采摘，并按等级要求分批出售。

# 红干椒高产高效栽培技术图集

工厂化育苗1

工厂化育苗2

机械化移栽1

机械化移栽2

膜下滴灌水肥一体化

田间照片 1

田间照片 2

田间照片 3

# 高蛋白大豆浅埋滴灌栽培技术

## 一、滴灌管网工程建设

根据地下水水质分析报告、出水流量测试报告等进行设计。滴灌系统主要配置设备有：机电井、首部、管路及其他附件。

首部系统组成包括水泵、压力罐等或其他动力源，离心网式过滤器或碟片过滤器，控制阀与测量仪表，施肥罐。管路包括主管、支管、毛管、调节设备如压力表、闸阀、流量调节器等。首部枢纽应将加压、过滤、施肥、安全保护和计量测控设备等集中安装，化肥和农药注入口应安装在过滤器进水管上。枢纽房屋应满足机电设备、过滤器、施肥装置等安装和操作要求。

## 二、选地整地

### 1. 选　地

选择地势平坦、土层深厚、保水保肥较好的地块，可与玉米、小麦等适宜作物实行 3 年轮作。

### 2. 整　地

深松的地块，深度要达到 30 厘米以上，打破犁底层。未深松的地块，结合秸秆和根茬粉碎还田，耕翻深度 25 ～ 35 厘米。深松或耕翻后适时耙地，做到深浅一致，地平土碎。有条件的地区，结合整地每亩施优质有机肥 1 ～ 2 吨，旋耕 15 厘米并及时镇压保墒。起大垄 1.1 米，小垄 0.65 米。

## 三、播前准备

### 1. 品种选择

根据当地积温条件选择熟期适宜、优质高产、适应性强、抗逆性强、蛋白质含量 40% 以上的高蛋白大豆品种。

### 2. 种子处理

播前进行机械或人工精选，剔出破粒、病斑粒、虫食粒和其他杂质，精选后的种子子粒饱满，纯度98%以上，净度99%以上，发芽率85%以上，含水量不高于13%。播种前将精选后的种子用高效低毒低残留大豆种衣剂进行种子包衣并阴干。也可使用根瘤菌剂拌种以提高产量。

## 四、播　种

### 1. 播　期

当耕层5～10厘米土壤温度稳定在10℃以上时，即可播种。通辽地区播期一般在5月1日—6月10日。

### 2. 播种方法

采用浅埋滴灌精量播种机，一次完成播种、铺管、镇压等作业。一般宽行80厘米，窄行40厘米，镇压后播种深度3～5厘米，滴灌管铺设在小垄中间2～4厘米处，播种后及时连接滴灌管网。

### 3. 播种密度

根据品种特性及水肥条件确定密度。土壤肥力高的地块，繁茂性强、生育期长的品种宜稀植，反之宜密植。建议亩株数8 000～14 000株。

## 五、管带铺设

田间管带铺设应预先科学设计管网系统，形成田间布局图纸，为以后铺设管网、管理、灌溉施肥提供指导。

滴灌带铺设与播种同步进行，播种结束后及时铺设地上给水主管、支管，在主管道上连接支管，支管垂直于垄向铺设，每间隔100～120米铺设一道支管，滴灌带与支管连接。

主管道上每根支管道交接处设置控制阀，以便划分灌溉单元。根据首部控制面积及地块实际情况科学设置单次滴灌面积，一般以15～20亩为一个灌溉单元。

## 六、施　肥

根据大豆不同生长阶段的需肥规律进行科学施肥，做到氮、磷、钾肥和钼、锌、硼等微量元素肥料平衡施用。

### 1. 苗期喷施叶面肥

在6月中下旬喷施叶面肥补充微量元素促进生长发育，建议喷施7.5千克/亩。

### 2. 花前喷施叶面肥

在7月初前后，喷施10千克/亩。可促进开花结荚，增加单株荚数和粒数。

### 3. 花后喷施叶面肥

在7月中下旬，喷施5千克/亩，可提高单株结荚率和容重。

## 七、田间管理

### 1. 除　草

若墒情较好，采取播前或播后苗前土壤处理，一般用异丙甲草胺+噻吩磺隆，按要求剂量喷施。春旱宜采用苗后处理，在杂草3～4叶期进行，于清晨或傍晚喷施除草剂，用氟磺胺草醚+烯草酮+灭草松，按要求剂量喷施，避开高温、干燥、大风天气。后期田间大草采取人工拔除。

### 2. 中　耕

6月底—7月底，清除杂、病株及杂草。大豆拱土时，进行铲前深松或耥一犁，有利于提高土温，促进幼苗出土。6月中下旬，用小铧在大垄深松25厘米。

### 3. 封　垄

7月上中旬，用中铧上土，趟成四方头垄，不趟过头土，可以防止倒伏，增加根瘤菌，促进生长发育。

### 4. 灌　溉

根据雨水情况和大豆生长发育需水规律进行滴灌。大豆分枝期和开花结荚期对水分比较敏感，若遇干旱应及时滴灌。

## 八、主要病虫害防治

坚持“预防为主，综合防治”的原则，加强农业防治、生物防治、物理防治，配套化学防治，严格控制化学农药施用量。

### 1. 主要虫害防治

在7月底至8月初要注意草地螟、红蜘蛛、蚜虫、食心虫等害虫的发生。

（1）蚜　虫

当5%～10%的植株卷叶、蚜株率达到50%时、百株蚜量达1 500头以上、天敌数量少时，必须进行防治。用3%莫比朗乳油、10%吡虫啉、1.8%阿维菌速制剂兑水喷雾。

（2）食心虫

当上一年的虫食率达到5%以上时进行化学防治。在封垄比较好的情况下，用80%敌敌畏乳油制成毒棍熏蒸，每4垄1行，每5米1根；在封垄差的情况下，用菊酯类的农药，如功夫、来福灵高效氯氰菊酯等兑水喷雾。

（3）草地螟

在草地螟发生达到每株1头时，可用菊酯类药剂等进行常规喷雾。

（4）红蜘蛛

一般在大豆卷叶株率达到10%时进行化学防治，可结合防治蚜虫选用73%灭螨净3 000倍液、40%二氯杀螨醇1 000倍液、25%克螨特乳油3 000倍液、20%扫螨净、螨克乳油2 000倍液等喷雾，连喷2～3次。

**2. 主要病害防治**

在7月初—8月初要注意大豆霜霉病、灰斑病、菌核病、根腐病等的发生。建议选用克露、百菌清、多菌灵等进行叶面喷施。

## 九、收　获

在8月初—9月初，做好收割准备工作，安排好收割机、运输车辆、传送机械，并做好防火、防水、防鼠等工作。黄熟末期至完熟初期，植株落叶时即可收割。收获后及时散积、清选，包装入库。

## 高蛋白大豆浅埋滴灌栽培技术图集

田间照片1

田间照片2

田间照片 3

田间照片 4

田间照片 5

田间照片 6

# 花生综合高产栽培技术

## 一、选地整地

花生忌重茬，宜与禾本科作物轮作，不宜与其他豆科作物轮作。选择土层深厚、肥力较高、排水良好的矿质土壤。播前精细整地并做好土壤改良。每亩施入优质农家肥 4 ～ 5 吨、磷酸二铵 10 千克、硫酸铵 12 ～ 15 千克、草木灰 60 ～ 100 千克做基肥，旋耕耙磨，使土壤上层疏松，保水保墒，下层土壤紧实，结构良好。

## 二、播　种

### 1. 种子处理

播种前应做好发芽试验，种子发芽率为 95% 以上时，方可作种。播前半个月进行晒种、剥壳、精选等处理，注意剥壳时间不可过早，否则会因种子呼吸作用增强，消耗养分降低种子的生活力。

### 2. 催　芽

条件允许的情况下，播前应进行催芽。通常使用温汤催芽法和砂床催芽法。温汤催芽法先用 30 ～ 40℃温水浸种，吸足水分后，再捞出堆闷催芽；砂床催芽法将干种子以 1∶5 的比例与湿砂分层排放，使之吸水萌发。两种催芽均需注意保温（25 ～ 30℃）、保湿和适当通风，待种子萌动露白时即可播种。催芽后的种子应播在墒情较好的土壤里，否则会造成芽干。

### 3. 播　期

花生适宜的播种期应根据品种特性、土壤温湿度来确定。早熟中小粒花生在 5 ～ 10 厘米土层温度达 12℃时即可播种，大粒花生要求 5 ～ 10 厘米土层温度达 15℃以上方能播种。通辽地区适宜的播种期为 4 月 25 日—5 月 15 日，覆膜种植可将播期提前 10 天左右。

### 4. 播种方法

播种时采用机械或人工播种，播后及时镇压保墒。在春旱严重的情况下，可采用抢墒播种、提墒播种、接墒播种等抗旱播种措施，以确保全苗。一般可分为单行垄种，垄高 10 厘米，垄距 45 厘米；或双行垄种，垄高 10 厘米，垄面宽 55 厘米，垄上双行，垄上小行距 40 厘米，垄间大行距 50 厘米。播种前，用 7.5 克钼酸铵溶于 500 克水中，拌 15 千克种子，或每亩用 25 克根瘤菌粉，加水 100 ～ 150 克均匀地拌在种子上，随拌随播。可以促进根瘤的形成并提高根瘤菌的固氮能力。

### 5. 播种量

播量与播深应视土壤条件、温度变化及种子质量灵活掌握。大粒型品种每亩需荚果 22 ～ 23 千克，中粒型品种每亩需荚果 17 ～ 20 千克，小粒型品种每亩需荚果 15 千克左右。播种深度以 3 ～ 5 厘米为宜。土壤墒情好、种粒小、种子质量差可浅播；土壤墒情差、种粒大可深播。

### 6. 种植密度

要根据土壤肥力、品种特性、栽培条件等因素因地制宜确定花生的种植密度。土质好、施肥多、植株生长高大，要适当稀些；土质差、施肥少、植株较矮宜密些。晚熟品种宜稀，早熟品种宜密。合理密植的标准是“肥地不倒秧，薄地能封垄”。根据各地的生产经验，春播普通型花生一般为 1.2 万～ 1.6 万株 / 亩。

## 三、田间管理

加强花生的田间管理，充分发挥土、肥、水、种、密植等综合因素作用，确保苗全、株壮、花早、花齐、针多、果多、果饱、高产。花生田间管理时间性强，要不违农时，保证质量。

### 1. 查田补苗

花生出苗后立即查田补苗，缺苗率在 10% 以上时，立即催芽补种。墒情差时应坐水点播。对补种的幼苗应加强管理，如追施偏肥，使其尽快与早期幼苗生育相一致。

### 2. 清　棵

清棵蹲苗是促进花生高产的一项重要措施。花生出苗时，子叶半出土，若着生于子叶叶腋内的第一对侧枝基部大部分被埋于土中，则得不到阳光、生长细弱、发育不良、延迟出土、开花结荚晚、结果少，严重影响产量。清棵的目的就是使第一对侧枝尽早露出地面，使其早生快发。另外，由于植株基部受到阳光照射，主茎生长减缓，节间缩短，根系更发达，第一次侧枝分化更早，从而促使花芽早分化，开花增多，使果针与地面距离缩短，入土早，可达到果多果饱的目的。

清棵应在苗基本出齐时进行。首先用大锄松土灭草，然后用小锄将幼苗周围的土向四面扒开，锄去杂草，使子叶节露出地面。为了充分发挥清棵的作用，一般在清棵后 15 ～ 20 天，结合中耕除草进行埋窝。清棵时，应注意不要损伤子叶，深度不可过深或过浅。

### 3. 中　耕

早中耕，把杂草消灭于果针入土前。因此，应根据杂草多少、土壤干湿、降雨情况等具体条件灵活掌握中耕次数，并在下针时结束。第一次中耕应在苗基本出齐后，结合清棵进行，宜浅并防止压苗，应疏松表土且将杂草除净。第二次中耕应在团棵期前后，根瘤开始形成时进行，可适当加深，一般以 6 ～ 7 厘米为宜。第三次中耕应在花期，应格外细心，避免伤果针，只要疏松土壤、除净杂草即可，以 5 厘米深为宜。

### 4. 培　土

根据花生地上开花地下结果的特点，在开花下针期应进行培土。花生果针能否入土，主要取决于土壤阻力及果针与地面的距离。果针离地越低，则果针的穿透能力越强。开花下针期培土可增厚土层，缩短果针与地面的距离，使果针容易入土结实。生产上通常结合最后一次中耕进行培土，培土时，要沟窄垄宽，不能培成脊形垄。生育期长，结果分散的品种可进行第二次培土。

### 5. 追　肥

在生育期，视苗情适当追肥。团棵期每亩施用硫酸铵 5 ～ 7 千克，结合中耕除草施入；开花时，若植株长势弱，可每亩追施硫酸铵 7 ～ 10 千克；盛花期果针大量入土时可进行根外追肥。用 1% ～ 2% 的过磷酸钙溶液每隔 7 天进行 1 次叶面喷肥，连续 2 ～ 3 次。后期用 1% 的尿素溶液喷施以防早衰。

### 6. 病虫害防治

坚持预防为主、综合防治、绿色环保，农业防治、生物防治和化学防治相结合的原则。重点防治褐斑病、黑斑病、花生蚜、地下害虫等。

（1）叶斑病防治措施

花生收获后及时清除病株残体并翻耕，实行两年以上轮作；加强栽培管理，选用抗病品种，适期播种，合理密植，施足底肥，以提高花生抗病力；选用65% 代森锌 400 倍液或 75% 百菌清 600 倍液或 50% 多菌灵 1 000 倍液喷洒。

（2）花生蚜防治措施

每亩用 40% 乐果乳油 50 毫升，对细砂 20 千克拌匀，制成乐果毒砂，向花生棵扬撒；用 20% 杀灭菊酯或 2.5% 溴氰菊酯 6 000 ～ 8 000 倍液，细致喷雾。

## 四、收　获

当植株中下部叶片脱落，上部 1/3 叶片变黄，叶片运动消失，即可收获。留种花生要提前收获，务必抢在霜前采收。收获的花生，应就地铺晒干燥，晒到荚果摇动有响声时，运回场院堆垛，继续干燥。

# 花生综合高产栽培技术图集

单垄种植

双垄种植

机械收获 1

机械收获 2

# 绿豆优质高产栽培技术

## 一、品种选择

根据不同地区的积温条件，选择生育期适宜、优质高产、抗逆性强的优良品种。

## 二、栽培技术

绿豆是忌连茬作物，2～3年轮作为宜。通辽地区绿豆种植可分为水浇地种植和旱地种植。

### （一）水浇地绿豆栽培技术

#### ■ 播前准备

选择地势平坦且有井灌条件的地块，结合秋整地每亩施入农家肥2～3吨，深翻20厘米以上，耙碎、整平、压实、保住秋墒，达到待播状态。

#### ■ 播　种

通辽地区一般在5月上中旬播种。每亩用播种量1～1.5千克，播种深度3～5厘米，亩施种肥磷酸二铵15～20千克。种植方式为匀垄条播，垄距50厘米，亩保苗1.0万～1.2万株。

#### ■ 田间管理

出苗后及时铲耘，要求一铲两耘，确保增温保墒，发根壮苗。分三次进行叶面施肥，即团棵期（4～5片真叶时）、花期、鼓粒期，以磷酸二氢钾为主，配施其他微量元素或其他生长激素。一般6月以后进入雨季，降雨充沛则无须浇水。在团棵期、开花初期、鼓粒期，若降雨不足则需及时补灌。

#### ■ 收　获

全部荚果的70%变成黑褐色时为适宜收割期。收割应在湿度大的清晨或傍晚进行。易爆荚品种要分批采收，不易炸荚的品种可一次性机械收割，收获后晒2～3天脱粒。

### （二）旱坡地绿豆栽培技术要点

**■ 播前准备**

旱地绿豆栽培靠自然降水，所以在整地上要根据具体情况区别对待。如果秋季土壤墒情好，可以不秋翻，以达到保墒的目的。若土壤板结严重，也可秋翻，但必须随翻、随耙、随压，以达到保墒目的。如果墒情较差，前茬作物收获后，即行秋翻，目的在于接纳秋季降水，提高墒情，雨过天晴，立即实施耙、压，防止跑墒。

**■ 播　种**

选择生育期在85～90天的优良品种，一般在5—6月中旬均可播种，视墒情而定，墒情好，可适时早播，反之则适当推迟播期。旱地绿豆播种量可以掌握在1.5～2千克/亩，因旱坡地肥力一般较差，播期又晚，主要靠群体增产，亩保苗要求达到1.5万～1.6万株，亩施种肥磷酸二铵10千克左右。

**■ 田间管理**

苗出齐后，及时铲耘、松土，保墒蓄热是管理的关键一环，要求做到一铲、两耘，目的是给作物植株生长创造一个良好的生态环境。当植株团棵期以后，如果叶片颜色发黄，生长较弱，可用0.2%～0.3%尿素水进行叶面喷施。进入7月以后，气温迅速上升，进入降水高峰期，雨热同期，这一时期对绿豆进行除草，省工、省时、省力。

**■ 收　获**

适时摘荚，分期收获，选择湿度较大的清晨或傍晚进行收割，经晾晒、脱粒、清选后颗粒归仓。

## 三、病虫害防治

### 1. 绿豆病毒病

该病发生非常普遍，苗期发病较多。在田间主要表现为花叶斑驳或皱缩叶等。绿豆蚜虫是传播此病的主要媒介，风雨交加天气，易造成植株间的摩擦，加重传染。防治方法主要是：选择无病或耐病品种；用40%氧化乐果1 000倍液，喷雾防治蚜虫；发病初期选用20%病毒A500倍液喷雾防治，间隔7～10天喷

1次，一般喷2～3次。

**2. 绿豆叶斑病**

绿豆发病时，最初在叶片上出现水渍状大小斑点，以后扩大为圆形或不规则的褐色斑枯斑，后期成为大的坏死斑，造成干枯或落叶，高温高湿易导致该病快速发展。防治方法主要是：选用抗病品种，合理密植，保证田间通风良好；加强田间管理，注意大雨后排涝或散墒；发病初期选用70%代森锰锌500倍液，或50%多菌灵可湿性粉剂800～1 000倍液，每隔7～10天喷施1次，通常连续3次即可控制病害扩展。

**3. 绿豆根腐病**

发病初期心叶变黄，若拔出根系观察，可见茎下部及主根上部分腐烂时，植株便枯萎死亡。当地势低洼，土壤水分大，地温低时，会加速病菌的传播蔓延。防治方法主要是：选择抗病品种，与非豆科作物实行3年以上轮作；发病初期选用75%百菌清600倍液，或15%腐烂灵600倍液，70%甲基托布津1 000倍液喷雾，隔7～10天喷1次，连喷2～3次。

**4. 虫　害**

7月以后，绿豆进入旺盛生长期，红蜘蛛、蚜虫极易发生，在此期间应结合根外追肥、喷施氧化乐果、速灭杀丁等杀虫或杀菌剂，控制病虫害发生。

## 绿豆优质高产栽培技术图集

田间照片1

田间照片2

# 豇豆绿色优质高产栽培技术

## 一、选择地块，合理轮作

豇豆对土壤适应性较强，轻微盐碱地亦可种植，但过于黏重的土壤不利于其根系和根瘤菌发育。地块选择上应以土层深厚、土质肥沃、排水良好的中性沙壤土为宜。豇豆忌连作、重茬和迎茬种植，应以玉米、高粱、谷子、糜子等禾谷类茬或土豆茬、地瓜茬为宜，通过 2 ～ 3 年的轮作制度可以调节土壤养分平衡、培肥地力、减轻杂草危害、防止病虫害蔓延。

## 二、整　地

结合整地施足底肥，一般每亩施农家肥 2 吨左右，并混施 30 ～ 40 千克过磷酸钙，深翻 20 厘米以上，及时耙磨，保住秋墒。播种前深松、旋耕、筑梗，做出小畦与排水沟，做到旱能灌、涝能排。

## 三、品种选择

根据各地区积温及水肥条件，选择生育期适宜、优质高产、抗病虫、适宜密植的优良品种。一般春播品种生育期 85 天左右，夏播品种 60 ～ 70 天。

## 四、种子处理

### 1. 精选种子

播种前仔细选种，对全苗和增产十分重要。选种时应选择子粒大、饱满、色泽好、花色粒型一致的种子，剔除成熟度不好的瘪籽或已发芽子粒及虫蛀、发霉、破损等劣籽。

### 2. 种子处理

经过浸种的种子，比干籽直播的出苗早、出苗率高、整齐度高。浸种时，用

50℃左右的温水将食盐稀释成30%的盐水溶液，将豇豆种子倒入盐水溶液中，均匀搅拌豇豆种子，捞出漂在水面上的杂质和坏种，浸泡1～2小时后将种子取出，沥干水分后即可进行播种。也可以用钼酸铵拌种，每50千克种子用25克钼酸铵加水1千克拌种，增产效果明显。

## 五、播　种

### 1. 播　期

豇豆喜温耐热，生长发育最适温度在20～30℃，35℃以上的高温下仍能生长结荚，不耐低温或霜冻。因此播种不宜过早，当耕层5～10厘米土壤温度保持在10℃以上即可播种，通辽地区一般在5月中下旬—6月中旬。

### 2. 播种方法

可开沟条播，也可开穴点播，每穴2～3粒，播后及时镇压保墒。

### 3. 播种量

应根据品种特性、用途及栽培方式确定播种量。清种红豇豆播种量为每亩3～4千克，清种白豇豆每亩播种4.5千克左右；如果作为饲料或与禾本科作物混播，每亩播种量大约为1.5～2.2千克。

### 4. 种植密度

密度根据不同品种而定，在播种密度上注意“肥地宜稀、薄地宜密”的原则。一般行距50厘米，株距15～20厘米，播种深度4～6厘米，亩保苗7 000～9 000株。也可与其他作物间作或套作。

### 5. 种　肥

一般每亩施种肥磷酸二铵7～8千克、硫酸钾3～4千克、尿素3～4千克。

## 六、田间管理

### 1. 出苗—开花期

（1）间苗定苗

播后10～15天进行查苗补缺，保证全苗。2～4叶期进行间、定苗，拔除病苗、黄叶苗、杂苗与弱苗及杂草。

（2）中耕除草

一般从出苗到开花前，无论清种还是间种，均应进行中耕除草两次。第一次是在定苗后进行浅耕除草；第二次是在团棵期进行中耕除草培土起垄。若与其他作物间作，随主要作物进行中耕除草。中耕不宜过深，以免伤根。可以采用化学药剂除草，如以禾本科杂草为主的田块可以选用72%杜耳乳油100～150毫升/亩，在豇豆1～3片复叶时喷施。

（3）灌　溉

苗期注意控水蹲苗，注意雨季排水防涝，干旱则及时补灌。

（4）适时追肥

巧施追肥，促苗促荚。4叶期、始花期各追尿素1次，每次亩追施尿素5～7千克即可。

**2. 开花—结荚期**

在施足底肥和适时追肥的情况下，豇豆结荚期营养供应充足，生长旺盛，需水量较大，干旱要及时浇水，保证其生长发育需求。豇豆在此期间易受病虫害为害，须做好病虫害防治工作。

**3. 结荚—成熟期**

豇豆结荚后，可用叶面肥进行根外追肥一次。此次追肥可延长叶片的功能期，以起到增加粒重的作用，是增产的关键。每亩用200克磷酸二氢钾稀释成300～400倍液后进行喷施，喷施要均匀。

## 七、病虫害防治

在6月末至7月初豇豆易受蚜虫、豆荚螟、红蜘蛛及病毒为害，因此在整个生长期要注意病虫害的防治，随时检查地块，及时防治。豇豆病害一般以病毒病为主。在植株幼苗期或发病前期开始喷施植病灵1.5%水乳剂或乳剂1 000倍液，10～15天喷施1次，喷施2～3次。也可采用病毒A稀释1 000～1 200倍液进行喷雾，10～15天1次，喷施2～3次。

## 八、适时收获

当植株开始落叶，80%的豆荚干枯变黄，标志着豇豆生理完熟，应及时收获，防止豆荚炸裂，造成损失。收获后及时晾晒，防霉变。晒干后及时脱粒、筛选去除杂质后入库贮存，提高商品质量。

# 参考文献

李金琴，王宇飞，梅园雪，等 . 2018. 通辽地区玉米无膜浅埋滴灌技术手册［M］. 北京：中国农业科学技术出版社 .

李少昆，王振华，高增贵，等 . 2013. 北方春玉米田间种植手册（第二版）［M］. 北京：中国农业出版社 .

全国农业技术推广服务中心 . 2015. 中国小杂粮优质高产栽培技术［M］. 北京：中国农业出版社 .